KB090541

고급서양요리

Western
Main Dish

이동근·민경천·박인수
서강태·이필우·임상은

실무요리를 배우고자 하는
조리사와 조리산업기사
조리기능장 준비를 위한

(주)백산출판사

Preface

최근 서양요리는 고객의 기호와 대중 매체의 영향으로 트렌드가 급변하고 있다. 요리의 영양, 건강, 지속 가능성을 고려한 요리법을 탐구하여 건강한 삶을 위한 창의적인 조리의 연구가 필요한 시기라 생각한다. 전통요리는 전통요리로서 존재하여야 하며 현대의 흐름에 맞는 요리의 예술성과 미학을 이해하고, 요리를 예술 작품으로 승화하는 요리사들의 기술이 매우 중요하다.

본 저자는 전통요리와 트렌드 요리의 조화가 요구되는 조리기능장과 조리산업기사의 출제 경향 등 다양한 자료를 토대로 하여 메인요리의 내용으로 구성하였다.

또한, 양식조리의 NCS(국가직무능력표준) 능력단위 15개 중 육류조리, 어패류조리, 사이드 디쉬 조리 등의 능력단위를 토대로 주재료 파트, 사이드 디쉬 파트(전분류, 채소류), 가니시 파트, 소스 파트 등으로 구분하여 독자가 쉽게 이해할 수 있도록 구성하였다.

현장에서 조리하는 데 필요한 육류, 어패류, 사이드 디쉬, 조리기기 및 도구, 기본 조리방법 등의 기본적인 이론을 수록하였으며 실무와 교육 현장에서의 경험과 심사 경력을 바탕으로 조리의 준비, 조리, 조리의 완성을 쉽게 이해할 수 있도록 실기 내용을 구성하였다.

본서는 3개의 Part로 구성하였다.

Part 1은 Main Dish의 이론으로 Main Dish의 구성(주재료, 사이드 디쉬, 소스 Part), Main Dish의 조리기구(칼, 소도구, 조리장비), Main Dish의 조리방법 등을 다루었다.

Part 2는 Main Dish의 실기 부분으로 Fish(생선) & Seafood(해산물)의 조리 7가지, Poultry(가금류)의 조리 5가지, Meat(육류)의 조리 12가지 등을 다루었다.

Part 3은 양식조리산업기사 실기 과제 부분으로 5가지의 메뉴를 다루었다.

조리에 대한 어느 정도의 지식을 갖추고 있으며 대회 요리, 레스토랑 실무요리를 배우고자 하는 조리사와 조리산업기사, 조리기능장을 준비하고자 하는 분들께 본서가 도움이 되었으면 하는 바람이 있다.

열정과 노력으로 정성을 다하여 집필하였으나 미흡하고 부족한 부분이 있으리라 생각된다. 많은 조언을 기대하며 부족한 부분을 수정·보완하여 완성도 높은 실무서가 되도록 노력하고자 한다.

끝으로 본서가 출간되기까지 모든 지원을 아끼시지 않은 백산출판사 진욱상 사장님을 비롯하여 세심하게 편집 작업을 해주신 편집부 임직원분들께도 지면으로나마 감사의 마음을 전한다.

2024년 8월

저자 씀

Contents

2. Breast of Chicken roulade, Roasted Garlic Potato puree, Red Paprika Jam, Dried Mushroom with Aurore sauce
아우로레 소스를 곁들인 닭가슴살 룰라드, 마늘 감자 퓌레, 적색 파프리카 잼, 말린 버섯 152

3. Leg of Chicken Ballottine, Sweet Potato Gnocchi, Pineapple Puree, Broccoli timbal with Orange Brown sauce
오렌지 브라운 소스를 곁들인 닭다리 발로틴, 고구마 뇨끼, 파인애플 퓌레, 브로콜리 팀발 158

4. Citrus Herb Crust Breast of Duck, Mashed potato, Sweet corn Puree, Glazed Shallot with Bigarade sauce
비가라드 소스를 곁들인 시트러스 허브로 크러스트한 오리 가슴살, 메쉬 감자, 옥수수 퓌레, 글레이즈 샬롯 164

5. Pan Fried Leg of Duck, Potato cigar, Orange Cheese Puree, Balsamic glazed Onion with Bercy sauce`
베르시 소스를 곁들인 오리 다리, 시가 감자, 오렌지 치즈퓌레, 발사믹 글레이즈 양파 170

제3장 Meat의 조리

1. Tenderloin of Pork covered Green olive Basil Tapenade, Fried Polenta Potato, Green Peas Puree, Creamed corn with Mustard Cream sauce
겨자 크림소스를 곁들인 그린올리브 바질 타프나드로 덮은 돼지 안심, 폴렌타 감자 튀김, 완두콩 퓌레, 크림드 옥수수 178

2. Herb Cheese crusted Pork loin stuffed with Dried prune, Duchess Potato, Mushroom puree, Pineapple Compote with Lyonnaise sauce
리오네즈 소스를 곁들인 허브치즈 크러스트 건자두로 속을 채운 돼지 등심, 더치 감자, 버섯 퓌레, 파인애플 콩포트 184

3. Roasted Pork Tenderloin filled Shiitake Mushroom Roulade, Sweet potato puree, Pan fried polenta, Glazed Apple with Madeira sauce
마데이라 소스를 곁들인 표고버섯으로 속을 채운 돼지 안심, 고구마 퓌레, 폴렌타, 글레이즈 사과 190

4. Grilled Tenderloin of Pork, Pork Purse in Vegetable, Potato Timbal, Leek Puree, Grilled Eggplant with Mushroom sauce
버섯소스를 곁들인 돼지 안심, 채소로 속을 채운 돼지고기, 감자 팀발, 대파 퓌레, 가지 구이 196

5. Mint Garlic crusted Rack of Lamb, Gratin Potato, Pear Onion puree, Tomato Chutney with Mint Port wine sauce

민트 포트와인 소스를 곁들인 민트 마늘 크러스트 양갈비, 그라틴 감자, 배 양파 퓌레, 토마토 처트니 202

6. Roasted Leg of Lamb, Dauphinoise Potato, Braised Red cabbage, Dried Cherry Tomato with Robert sauce

로베르트 소스를 곁들인 양 다리, 돌피노아즈 감자, 브레이즈 적양배추, 드라이 방울토마토 208

7. Mustard Seed Garlic Crusted Lamb loin, Croquette Potato, Vegetable Galette, Mint cream with Bretonne sauce

브레토네 소스를 곁들인 겨자씨 마늘 크러스트 양 등심, 크로켓 감자, 베지터블 가레트, 민트 크림 214

8. Grilled Tenderloin of Beef, Anna Potato, Red Onion Chutney, Mushroom Ragout with Red wine sauce

레드와인 소스를 곁들인 소 안심, 안나 포테이토, 적양파 처트니, 버섯 라구 220

9. Beef Wellington, Potato cake, Chick peas puree, Ratatouille with Rosemary sauce

로즈메리 소스를 곁들인 비프 웰링톤, 감자케이크, 병아리콩 퓌레, 라타뚜이 226

10. Pie of Beef, Potato Broccoli dumpling, Mushroom Duxelles, Roasted Garlic with Orange Tarragon sauce

오렌지 타라곤 소스를 곁들인 소고기 파이, 감자 브로콜리 덤플링, 로스트 마늘 232

11. Procuitto wrapped Tenderloin of Beef, Creamy Potato, Black Sesame seed puree, Glazed carrot roll with Pommery Mustard sauce

포메리 머스터드 소스를 곁들인 프로슈토로 감싼 소 안심, 크리미 감자, 검은깨 퓌레, 글레이즈 당근 롤 238

12. Pan Seared Striploin of Beef, Mushroom Risotto, Potato Sweet corn puree, Carrot noodle with Chasseur sauce

샤슈르 소스를 곁들인 소 등심, 버섯 리소또, 감자 옥수수 퓌레, 당근 누들 244

PART

1

Main Dish의 이론

제1장 Main Dish의 구성

1. Main Element Part

1) Fish & Seafood

(1) Fish(생선) & Seafood(해산물)의 개요

Fish(생선) & Seafood(해산물)는 수프 다음에 제공되는 요리의 제공 순서였으나 요즈음에는 풀코스 메뉴가 아니고는 생선코스를 생략하는 경우가 많으며 하나의 훌륭한 주요리 (Main Dish)로 제공되고 있다. 생선 500g의 영양가와 육류 300g의 영양가가 같은데 생선은 소화가 쉽고 먹을 때 만복감이 다른 요리보다 적다. 그뿐만 아니라 바다 생선에는 인체 조직에 필요한 요오드와 성장 발육에 필요한 비타민이 다량 함유되어 있어 훌륭한 식재료이다. 일반적으로 생선은 육류보다 섬유질이 연하고 소화가 잘되지만, 자기 분해에 의해 부패하기 쉬운 점이 있다. 본격적인 주요리에 들어가기 전에 소화가 잘되는 연한 생선으로 위를 달래고 나서 육류로 들어가는 것이 소화에 좋다. 어패류는 특히 성인병을 예방하고 현대인들의 건강식품으로 선호가 증가하고 있는 추세이다. 서양요리에서는 여러 가지 조리법을 응용하여 많은 미식요리의 기본이 된다. 프랑스에서는 바다에서 나는 해산물을 후루트 드 메(fruit de mer), 즉 바다의 과일이라고 한다.

어패류는 육류에 비해 빠른 속도로 육질이 변화하는데, 사후 1~2시간 내에 경직현상이 일어난다. 사후 경직은 생선의 종류, 크기, 저장온도에 따라 다르나, 일반적으로 활동이 많은 갈색 생선(꽁치, 멸치, 고등어)이 흰 생선보다, 담수어가 해수어보다 자기소화가 빨리 온다.

자기소화에 의해서 일어나는 부패현상으로 많은 유해물질을 발생하는데, 반드시 악취와 함께 일어나지는 않으며, 악취가 생기기 전에 부패가 일어나므로 주의하여야 한다.

부패가 시작될 때의 PH는 6.2~6.5이나 진행 중인 때는 4.8 정도이다. 이와 같이 생선은 쉽게 변질되므로 구입 즉시 내장을 깨끗이 소제한 다음 냉장 보관하여야 한다.

일 년 중 어패류의 맛이 가장 좋은 시기는 산란기 바로 전이라 할 수 있겠다. 생선은 산란기 몇 개월 전부터 산란 준비를 위하여 먹이를 많이 먹기 때문에 육질이 풍부하며 지방도 많아져 맛이 좋다. 그러나 산란기에 들어가 알을 낳은 생선은 맛이 떨어진다.

신선한 생선을 고르는 방법으로는 손으로 눌렀을 때 탄력이 있고 껍질에서 광택이 나며 눈이 맑고 투명하여 밖으로 돌출되어 있어야 한다. 또한 비늘이 윤기 나며 고르게 붙어 있어야 하고 아가미는 선홍색이어야 신선한 것이고 혼탁하면 오래된 것이다. 악취가 나지 않아야 하는데 부패가 심하면 악취가 나기 때문이며 뼈와 근육이 잘 밀착되어 있어야 한다.

(2) Fish(생선) & Seafood(해산물)의 분류와 종류

어패류의 종류는 크게 나누어 민물에 서식하는 담수어(River fish)와 바닷물에 사는 해수어(Sea fish)로 나뉘며, 다시 형태에 따라 어류(Fish), 갑각류(Crustacea), 패류(Shellfish), 연체동물(Mollusk) 등으로 나눈다. 생선의 지방은 불포화 지방산이 80%이며 담수어보다 해수어가 지방함량이 많고 소화가 용이하다. 생선에 따라 기름기가 많이 느껴지는 것이 있지만 뱀장어 빼고는 지방의 함량이 거의 비슷하다.

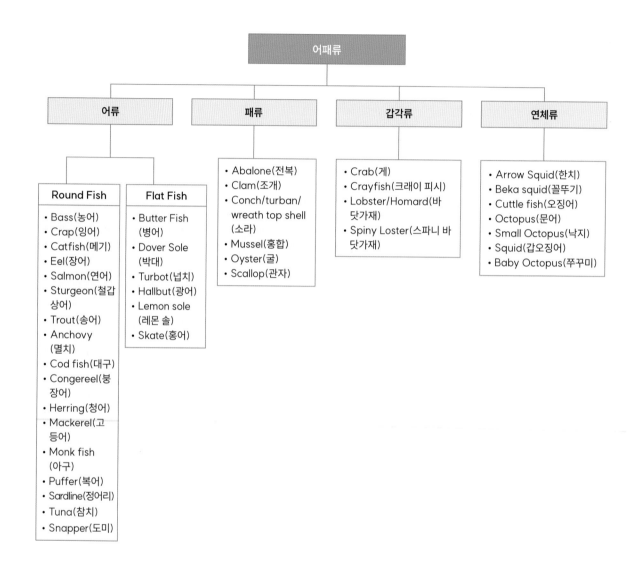

① Fish(생선)

• **River Fish(민물생선, 담수어)**

Bass(농어)

분포지역: 북서태평양 (한국, 일본, 대만, 남중국해)

특성: 농어목 농어과의 물고기, 어릴 때에는 담수를 좋아하여 연안이나 강하구까지 거슬러 올라왔다가 깊은 바다로 이동, 여름에 많이 잡히며, 성장할수록 맛이 좋음, 기억력 회복, 치매예방

용도: Poaching, Steaming, Grilling, Pan frying, Deep fat frying

---

Crap(잉어)

분포지역: 전 세계에 분포

특성: 잉어목 잉어과의 민물고기, 붕어와 생김새가 비슷, 보다 몸이 길고 높이가 낮고 입 주변에 두 쌍의 수염이 있음, 바다산의 흰살고기에게 비하여 지방질의 함량이 적고 지용성 비타민류가 적음

용도: Boiling, Stewing

Catfish(메기)

분포지역: 한국, 중국, 일본, 대만, 러시아

특성: 메기목 메기과의 민물고기, 낮에는 바닥이나 돌 틈 속에 숨어 있다가 밤에 먹이를 찾아 활동하는 야행성, 수중동물을 닥치는 대로 잡아먹음, 단백질, 비타민 함량이 풍부, 당뇨병, 빈혈

용도: Sauteing, Frying, Stewing

Eel(장어)

분포지역: 한국, 일본, 중국, 대만, 필리핀, 유럽

특성: 뱀장어목 뱀장어과에 속하는 민물고기, 육식성으로 게, 새우, 곤충, 실지렁이, 어린 물고기를 잡아 먹음, 야행성

용도: Soup, Frying, Smoking, Sauteing

Salmon(연어)

분포지역: 한국, 일본, 러시아, 알래스카, 캐나다, 캘리포니아

특성: 연어목 연어과의 회귀성 어류, 산란기가 다가오면 자신이 태어난 강으로 거슬러 올라가고, 암컷과 수컷 모두 혼인색을 띔 비타민 A와 D가 특히 풍부하며 단백질, 지방 등 영양소 풍부

용도: Grilling, Poaching, Smoking

Sturgeon(철갑상어)

분포지역: 흑해, 카스피해, 유라시아와 북아메리카

특성: 경골어류 철갑상어목 철갑상어과, 길쭉한 몸을 지니고 있고 비늘이 없으며 몸길이는 대개 2 ~ 3.5m, 강과 호수에 서식, 캐비아를 위해 채취

용도: Smoking, Frying, Poaching

Trout(송어)

생산지: 오호츠크해, 동해 등 북서태평양

특성: 연어목 연어과의 회귀성 어류, 산천어와 같은 종으로 분류되나, 강에서만 생활하는 산천어와 달리 바다에서 살다가 산란기에 다시 강으로 돌아오는 습성

용도: Boiling, Frying, Smoking, Meuniere

• **Sea Fish(해수어)**

Anchovy(멸치)

분포지역: 사할린섬 남부, 일본, 한국, 필리핀, 인도네시아

특성: 청어목 멸치과의 바닷물고기, 표면 가까운 곳에서 무리를 이룸, 봄과 여름에 연안에서 생활하다가 좀더 북쪽으로 이동, 최대 몸길이 15cm

용도: Marinade, Frying, Dry

Butter Fish(병어)

분포지역: 남해와 서해, 일본의 중부이남, 동중국해, 인도양

특성: 농어목 병어과의 바닷물고기, 몸이 납작하며 빛깔이 청색과 은색을 띤다. 무리를 지어 생활하며 흰살 생선으로 맛이 담백, 수심 5~110m의 바닥이 진흙으로 된 연안

용도: Braising, Poaching, Sauteing

Cod fish(대구)

분포지역:

특성: 대구목 대구과의 바닷물고기, 머리가 크고 입이 큼, 배쪽은 흰색이며 등쪽으로 갈수록 갈색으로 변함, 진한 갈색 점이 있음, 1~3월 산란, 연안 또는 대륙사면 서식

용도: Poaching, Boiling

Congereel(붕장어)

분포지역: 대서양, 인도양, 태평양

특성: 경골어류 뱀장어목 붕장어과의 바닷물고기, 옆구리와 등쪽 – 암갈색, 배쪽 – 흰색, 깊고 따뜻한 바다 서식, 필수 아미노산을 고루 함유하고 있으며 EPA와 DHA가 풍부

용도: Grilling, Sauteing, Smoking, Frying

Dover Sole(박대)

분포지역: 서해, 동중국해 등 아열대 해역

특성: 가자미목 참서대과에 속하는 바닷물고기, 참서대과 어류 중 가장 큰 어종이며 몸이 매우 납작, 눈이 있는 쪽은 흑갈색이고, 눈이 없는 쪽은 흰색을 띠며 작은 둥근비늘(원린), 가까운 바다의 진흙바닥, 기수역에 서식

용도: Poaching, Sauteing, Meuniere, Steaming

Turbot(넙치)

분포지역: 한국, 중국, 일본의 인근 해역

특성: 횟감으로 유명한 가자미목 넙치과의 바닷물고기, 두 눈이 비대칭적으로 머리의 왼쪽에 쏠려 있고 몸이 납작, 황갈색 바탕에 짙은 갈색과 흰색 점, 반대쪽은 흰색, 바다 속 모래 바닥 서식

용도: Poaching, Sauteing, Meuniere, Steaming

Halibut(광어)

생산지: 한국, 중국, 일본의 인근 해역

특성: 횟감으로 유명한 가자미목 넙치과의 바닷물고기, 두 눈이 비대칭적으로 머리의 왼쪽에 쏠려 있고 몸이 납작한 하고 넙적한 물고기, 바다 속 모래 바닥에 서식

용도: Grilling, Poaching, Sauteing, Poaching

Herring(청어)

생산지: 백해 등의 북극해, 일본 북부, 한국 연근해

특성: 청어목 청어과의 바닷물고기, 등쪽 암청색, 배쪽 은백색, 최대 몸길이 46cm, 수온이 2~10℃, 수심 0~150m의 연안, 민물, 강 어귀 서식

용도: Frying, Marinating, Canning, Smoking

Lemon sole(레몬 솔)

생산지: 미국 동부 해안

특성: 머리는 작고 껍질은 부드러우나 벗기기는 어려움, 육질의 맛은 우수하나 살이 약해 부서지기 쉬움, 한류를 좋아하여 차고 깊은 곳에서 서식

용도: Frying, Sauteing, Poaching

Mackerel(고등어)

생산지: 태평양, 대서양, 인도양의 온대 및 아열대 해역

특성: 농어목 고등어과의 바닷물고기, 등쪽 암청색, 중앙에서부터 배쪽 은
백색, 30cm 정도, 부어성 어종으로 표층 또는 표층으로부터 300m 이내
의 중층에 서식

용도: Sauteing, Grilling, Smoking, Canning, Marinating

Monk fish(아구)

생산지: 서부태평양·인도양 등의 아열대 및 온대 해역

특성: 아귀목 아귀과에 속하며 깊은 바다(수온 17~20℃, 수심 70~250m)
에 생존, 등쪽은 흑갈색 바탕에 드물게 검은색 얼룩, 배쪽은 흰색

용도: Grilling, Poaching, Sauteing

Puffer(복어)

생산지: 한국, 중국, 일본

특성: 복어목 복과 어류의 총칭, 130종, 몸은 긴 달걀 모양으로 몸 표면은
아주 매끄러운 것과 가시 모양 비늘을 가진 것이 있음, 간, 정소, 난소 등에
청산가리의 10배가 넘는 테트로도톡신이라는 맹독이 있음

용도: Poaching, Stewing, Boiling

Snapper(도미)

생산지: 동남아시아, 타이완, 남중국해, 일본, 한국 연근해

특성: 농어목 도미과의 바닷물고기, 몸 등쪽은 붉은색, 배쪽은 노란색 또는
흰색, 수심 10~200m의 바닥 기복이 심한 암초 지역 서식

용도: Grilling, sauteing, Poaching

Sadine(정어리)

생산지: 동중국해, 일본, 한국 연근해

특성: 청어목 청어과의 바닷물고기, 등쪽 푸른색, 중앙과 배쪽 은백색, 경
계 지점에 6~9개의 둥근 검은색 점, 알을 낳기 직전인 9~10월에 가장 맛
이 좋음

용도: Grilling, Sauteing, Canning

Skate(홍어)

생산지: 북서태평양 (한국, 일본, 동중국해, 대만)

특성: 홍어목 가오리과의 바닷물고기, 등쪽-전체적으로 갈색을 띠며 군데
군데 황색의 둥근 점이 불규칙하게 흩어져 있음, 배쪽-흰색, 머리는 작고
주둥이는 짧으나 튀어나옴, 눈은 튀어나옴

용도: Braising, Frying, Sauteing, Smoking

Tuna(참치)

생산지: 태평양, 대서양, 인도양의 열대, 온대, 아한대 해역
특성: 농어목 고등어과의 바닷물고기, 등쪽 짙은 푸른색, 중앙과 배쪽 은회색 바탕에 흰색 가로띠와 둥근 무늬, 표층수역 서식, 고단백, 성인병 예방
용도: Smoking, Frying, Sauteing, Canning

② 갑각류

Crab(게)

분포지역: 전 세계
특성: 절지동물 십각목 파행아목에 속하는 갑각류의 총칭, 바다, 담수, 기수, 육지에서 서식, 지방이 적고, 고단백, 소화성이 좋고 담백함, 타우린, 비타민 A, B, C, E 등이 다량 함유
용도: Frying, Boiling, Steaming

Crayfish(크래이 피시)

분포지역: 동아시아, 유럽, 미국
특성: 십각목, 가재과에 속하는 보행성의 새우, 제일 각의 가위가 크고 몸색은 암녹색, 500종의 절반 이상이 북아메리카에 서식하며 거의 대부분이 민물에 살고 몇몇은 기수(汽水)나 바닷물 서식
용도: Boiling, Frying, Sauce, Soup

Lobster/Homard(바닷가재)

분포지역: 태평양·인도양·대서양 연근해
특성: 갑각강 십각목의 가시발새우과, 닭새우과, 매미새우과, 폴리켈리다이과에 속하는 새우류, 연근해 바다 밑 서식, 낮에는 굴 속이나 바위 밑에 숨어 지내다가 밤이 되면 나와 활동
용도: Steaming, Sauteing, Grilling, Frying

Spiny Loster(스파니 바닷가재)

분포지역: 지중해, 덴마크, 노르웨이, 호주, 멕시코, 미국
특성: 집게발이 없이 더듬이가 긴 바닷가재, 수심 300~400m에서서식, 육질이 쫄깃하고 살이 많음
용도: Steaming, Sauteing, Grilling, Frying

③ 연체류

Arrow Squid(한치)

분포지역: 열대 서인도 태평양, 남동중국해, 한국, 일본남부, 오스트레일리아 북부

특성: 살오징어목 오징어과의 연체동물, 다리가 짧은 것이 특징, 살이 부드럽고 담백하여 오징어보다 맛이 좋음

용도: Sauteing, Blanching, Boiling

Beka squid(꼴뚜기)

분포지역: 한국, 동남아시아, 유럽

특성: 오징어와 유사하게 생긴 연체동물의 일종, 오징어보다 작은 크기, 연한 자주빛, 다리의 길이는 몸통의 반 정도

용도: Sauteing, Blanching, Boiling

Cuttle fish(오징어)

분포지역: 동중국해, 콩, 한국, 일본, 쿠릴 열도

특성: 두족류 십완목(十腕目)에 속하는 연체동물의 총칭, 몸길이 최소 2.5cm에서 최대 15.2m까지, 연안에서 심해까지 서식, 육식성으로 작은 물고기·새우·게 등을 먹음

용도: Sauteing, Blanching, Boiling

Octopus(문어)

분포지역: 캘리포니아 남쪽, 아메리카 북서쪽 태평양 연안, 알래스카주에 있는 얄류산(Aleutians) 열도, 일본 남쪽

특성: 다리가 8개 있는 연체동물, 바다 밑에 서식하며 연체동물과 갑각류 등을 먹음, 붉은 갈색, 연안에서부터 심해까지 서식

용도: Sauteing, Blanching, Boiling

Small Octopus(낙지)

분포지역: 한국(전라남북도 해안), 일본, 중국

특성: 팔완목(八腕目) 문어과의 연체동물, 진흙 속에 굴을 파고 그 속에 들어가 지냄, 연안의 조간대에서 심해 또는 얕은 바다의 돌틈이나 진흙 속 서식

용도: Sauteing, Blanching, Boiling

Squid(갑오징어

분포지역: 한국, 일본, 중국, 오스트레일리아 북부
특성: 십완목 참오징어과의 연체동물, 몸 안에 길고 납작한 뼈조직, 오징어류 중 가장 맛이 좋음
용도: Sauteing, Blanching, Boiling

Baby Octopus(주꾸미)

분포지역: 한국(남서해안), 일본
특성: 팔완목 문어과의 연체동물, 낙지와 비슷하게 생겼으나 크기가 더 작고 알이 차 있는 봄이 제철, 수심 10m 이내에서만 서식
용도: Sauteing, Blanching, Boiling

④ 패류

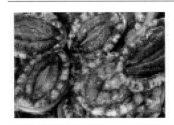

Abalone(전복)

분포지역: 한국, 일본, 중국
특성: 원시복족목 전복과에 딸린 연체동물의 총칭, 각피 흑갈색, 간조선에서 수심 5~50m 되는 외양의 섬 지방이나 암초에 서식
용도: Boiling, Poaching, Sauteing

Clam(조개)

분포지역: 한국, 일본, 타이완, 중국, 필리핀, 동남아시아
특성: 진판새목 백합과의 조개로 모래나 펄에 서식, 민물의 영향을 받는 조간대 아래 수심 20m까지의 모래나 펄에서 서식, 암갈색에서 회백갈색으로 다양함
용도: Boiling, Poaching, Sauteing

conch/ turban/ wreath top shell(소라)

분포지역: 한국 남부 연안, 일본 남부 연안
특성: 원시복족목, 소라과의 연체동물, 껍데기 표면 녹갈색, 어릴 때는 조간대의 바위 밑, 크면 해초가 많은 조간대 아래쪽 서식
용도: Boiling, Poaching, Sauteing

Mussel(홍합)

분포지역: 한국, 일본, 중국 북부
특성: 사새목 홍합과의 연체동물, 암초에 붙어 무리를 지어 서식, 여름에는 독소가 있을 수 있으므로 먹지 않는 것이 좋음, 보랏빛을 띤 검은색 광택이 있음, 조간대에서 수심 20m 사이의 암초에 서식
용도: Boiling, Poaching, Sauteing

Oyster(굴)

분포지역: 한국 전연안 및 일본, 중국해역
특성: 사새목 굴과에 속하는 연체동물의 총칭, 바위에 부착생활, 부드럽고 고소한 맛, 단백질의 함량은 적으나 글리코겐과 비타민을 많이 함유하고 있어 빈혈과 간에 좋음
용도: Boiling, Poaching, Sauteing, Canning

Scallop(관자)

분포지역: 전세계
특성: 사새목 가리비과에 속하는 패류로 두 장의 패각이 부채 모양을 하고 있다. 연안부터 깊은 바다까지 서식, 수심 20~40m의 모래나 자갈이 많은 곳 서식
용도: Boiling, Poaching, Sauteing

⑤ 기타

Sea cucumber(해삼)

분포지역: 전세계
특성: 극피동물 해삼강에 속하는 해삼류의 총칭, 바다 밑바닥 서식, 밤색 또는 갈색 얼룩, 몸은 앞뒤로 긴 원통 모양이고, 등에 혹 모양의 돌기가 여러 개 나 있음
용도: Sauteing, Stewing, Boiling

Sea Squirt(멍게)

분포지역: 한국, 일본
특성: 우렁쉥이, 얕은 바다에 암석, 해초, 조개등에 붙어서 살지만 2,000m 보다 더 깊은 곳에 사는 것도 있음, 파인애플과 비슷한 모양이며 표면에는 젖꼭지 모양의 돌기
용도: Poaching

Sea Urchin(성게)

분포지역: 한국, 일본
특성: 극피동물군의 일종. 성게류(echinoids)에 속하는 동물, 얕은 바다,
야행성 동물
용도: Smoking, Poaching, Canning

(3) Fish(생선) & Seafood(해산물)의 손질 방법

• **도미**

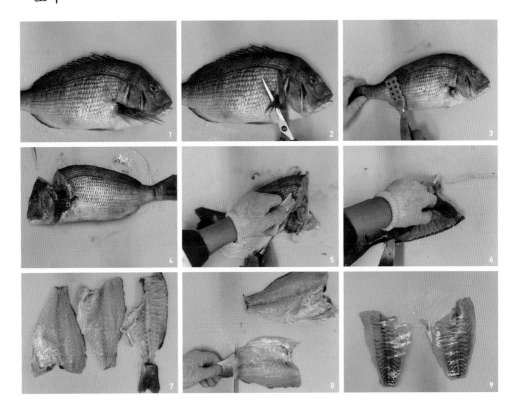

❶ 생선을 준비한다.　　　　　❷ 지느러미를 제거한다.

❸ 비늘을 제거한다.　　　　　❹ 머리를 제거한다.

❺ 내장을 제거한다.　　　　　❻ 칼집을 넣어 뼈와 살을 분리한다.

❼ 배속의 잔뼈를 제거한다.　　❽ 껍질을 제거한다.　　　❾ 완성한다.

• 새우

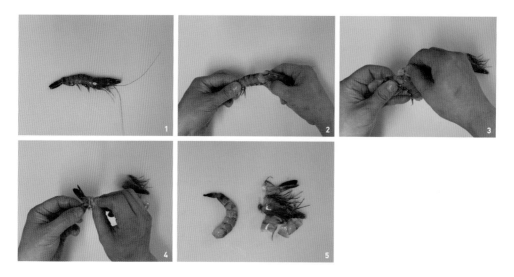

❶ 새우를 준비한다.

❷ 머리를 살짝 위로 들고 아래쪽으로 잡아당겨 머리를 제거한다.

❸ 꼬리 쪽 마지막 마디를 제외하고 배쪽에서 등쪽으로 껍질을 벗겨 낸다.

❹ 마지막 마디와 꼬리의 껍질을 제거한다.

❺ 껍질과 살을 분리하여 완성한다.

• **바닷가재**

❶ 바닷가재를 준비한다.

❷ 집게를 꺾어 잘라낸다.

❸ 칼을 목에다 넣어 머리와 몸통과 꼬리를 제거한다.

❹ 배쪽 가장자리를 가위로 잘라 준다.

❺ 끓는 물에 머리, 몸통, 꼬리, 집게살을 삶아준다.

❻ 배쪽 껍질을 제거한다.

❼ 등쪽 껍질 살을 제거한다.

❽ 칼 등으로 살짝 치고 칼을 틀어준다.

❾ 집게 살을 빼준다.

❿ 가위로 집게 관절의 살을 발라 준다.

⓫ 껍질과 살을 분리하여 완성한다.

(4) Fish(생선) & Seafood(해산물)의 저장(보관) 방법

어패류는 살아 있는 상태로 조리하는 것이 가장 좋지만, 대개 냉장, 냉동 방법으로 선도를 유지한다. 전용냉장, 냉동에 보관해야 하며 생선살을 뜬 후 젖은 헝겊에 싸서 얼음 위에 올려 놓아 보관하며 온도는 2~3℃가 무난하다.

일식의 경우 활어 사용을 원칙으로 하지만 양식은 신선어를 많이 사용한다. 냉동된 생선은 0~4℃의 냉장고에서 하루 정도 녹이는 것이 이상적이다. 또는 찬물에 천천히 녹여 사용하는 방법이 있다. 일단 녹여서 살을 뜬 다음 다시 얼리는 경우가 없어야 한다. 그렇지 않으면 생선의 맛과 향, 수분이 반감되어 어패류 자체의 맛이 없어진다.

어패류는 눈이 맑으며 껍질에는 광택이 있는 것이 신선한 것이다. 아가미는 진홍색이며 껍질이 붙어 있는 것이 좋다. 생선의 표피를 손가락으로 눌렀을 때 탄력이 있어야 한다. 생선은 사후 10분 내지 수시간 내에 육질이 굳는다. 사후 경직된 생선은 꼬리가 약간 올라간다.

(5) Fish(생선) & Seafood(해산물)의 조리 방법

① Matelote : White or Red Wine을 이용한 찜. 주로 담수어 요리에 이용

② Meuniere : 후추, 소금으로 양념을 한 다음 밀가루를 묻혀 버터를 이용하여 Pan에 굽는 방법

③ Braising : Pot에 Onion, Parsley, Dill 등 향신료를 깔고 그 위에 생선을 넣어 Wine과 Fish, Stock으로 조리는 방법

④ Deep-fat frying : 생선을 우유에 적셔 밀가루를 묻힌 다음 기름에 튀기는 조리 방법으로, 프랑스식은 밀가루만 묻히고, 영국식은 빵가루를 묻혀 튀김

⑤ Gratin : 생선을 White Sauce로 조리한 다음 Gratin Bowl에 담아서 표면에 치즈, 버터, 빵가루를 뿌려 Oven 또는 Salamander를 이용하여 갈색으로 조리하는 방법

⑥ Poaching : Bain-Marie, Pot 등을 이용, Court-Bouillon으로 단시간에 조리

⑦ Steaming : 증기를 이용 조리하는 것으로 어패류의 원형을 그대로 보존할 수 있는

장점이 있어 이 방법을 많이 이용

⑧ Grilling: 어패류를 Grill(Broiler)에 굽는 방법, 생선의 순수한 맛을 느낄 수 있음

⑨ En Papillot : Foil로 생선을 싸 수분의 증발을 막고 Oven에 굽는 방법으로, Oven의 열기로 Foil이 부풀면 그대로 고객에게 제공

2) Poultry

(1) Poultry(가금류)의 개요

Poultry란 우리말로 가금, 가금류란 뜻인데 가금이란 야생의 조류를 인간 생활에 유용하게 길들이고 품종개량을 하여 육성한 조류로서, 그 생산물의 이용을 목적으로 하는 실용종과 모습, 소리 등을 감상하는 데 이용되는 애완용종이 있으며, 실용종은 그 목적에 따라 다시 난용종, 육용종, 난육겸용종으로 나눈다.

① 난용종

가금 중에서 알 생산을 목적으로 하는 품종으로 난용종은 체구가 비교적 작고 조숙성이며 초산일령이 빠르다. 걸음걸이는 경쾌하며 신경질적이고 추위와 더위에 비교적 약하며, 연중 산란을 하는데 연평균 산란수는 200~250개이다.

② 육용종

육용계는 체구가 크고 전구가 발달하여 뼈가 가늘고 육량이 풍부한 것이 좋다. 브라마 · 코니시 · 코친 · 도킹 종 등이 있다.

③ 난육겸용종

가금 중에서 알과 고기의 생산을 목적으로 하는 품종으로 난육겸용종은 체구가 난용종과 육용종의 중간이고 조숙성이며, 초산일령이 빠르고 성질이 온순하다. 고기 맛이 좋으며 난용종에 비해 추위에 비교적 강하고 거친 사양관리에도 잘 견디며 산란 수는 난용종

보다 약간 적으며, 대부분 갈색 알을 낳는다. 닭의 대표적인 품종으로는 플리머스록종 · 로드아일랜드레드종 · 뉴햄프셔종 등이 있으며, 오리와 칠면조에도 난육겸용종이 있다.

식용 가금으로는 닭, 칠면조, 오리, 거위, 꿩, 메추리 등이 있다. 오늘날에 식용으로 이용되는 닭은 지금부터 약 3~4천 년 전에 동남아에서 들(야생) 닭을 사육하여 개량한 것으로 알려지고 있다. 닭고기는 피하에 노란 지방질이 많으나 근육질에는 적어 담백하고 연하므로 미식가들이 즐겨 먹는다.

식용으로 사용하는 닭은 병아리(400g 이하), 영계(800g 이하), 중닭(1200g 이하), 성계(1600g 이나 그 이상), 노계 등으로 나눠진다. 산란을 오래한 노계나 닭살을 바르고 나온 뼈는 스톡이나 부용으로 만드는 데 사용한다. 닭을 도살하고 2~3일 동안 낮은 온도의 냉장고에서 숙성시키면 육질이 연하고 맛이 좋아진다

칠면조는 아메리카 대륙이 원산지로 콜롬부스의 신대륙 발견 이후에 유럽에 전해졌다. 칠면조 요리는 추수감사절이나 크리스마스에 등장하는 요리로서 일 년 내내 먹기 시작한 것은 최근의 일이다. 칠면조는 크기에 비하여 고기가 적으며, 저렴한 가격에 거래가 되고 있다.

오리는 고기보다 뼈와 지방질이 많으며, 연한 것이 특징이다. 오리보다 지방질이 더 많은 거위는 중국과 유럽에서 야생하는 기러기를 육용으로 사육한 것이 지금까지 이어졌다. 거위는 고기보다 강제 사육하여 푸아그라(foie gras)를 생산하는 것으로 유명하다.

고기의 색깔에 따라 흰육(White Meat)과 흑육(Black Meat)으로 나뉜다. 흰육(White Meat)은 새끼 병아리(Chick), 병아리,(Cockerel), 영계(Spring chicken), 닭(Chicken), 케이펀(Capon), 헨(Hen), 어린 칠면조(Young Turkey), 칠면조(Turkey) 등으로 구분하고 흑육(Black Meat)은 뿔닭(Guinea Fowl), 새끼오리(Duckling), 오리(Duck), 새끼거위(Gosling), 거위(Goose), 비둘기(Pigeon) 등으로 구분한다.

(2) Poultry(가금류)의 분류와 종류

Black chicken(오골계)

특성: 닭의 한 품종, 살과 뼈가 검음, 수컷 1.5kg 안팎, 암컷 0.6~1.1kg, 둥근 체형, 흰색, 검은색, 쇠고기, 돼지고기보다 칼로리가 낮아 다이어트 음식, 부인병 치료효과

조리방법: Roasting, Galantine, Terrine, Boiling

Chicken(닭)

특성: 닭목 꿩과의 조류, 약 500종, 흰색, 갈색, 검정색, 머리에 붉은 볏이 있고 날개는 퇴화하여 잘 날지 못하며 다리는 튼튼함

조리방법: Roasting, Galantine, Sauteing, Grilling

Duck(오리)

특성: 기러기목 오리과, 부리가 납작하고 양쪽 가장자리는 빗살모양이다. 물을 걸러서 낟알이나 물에 사는 동식물 등을 먹음, 닭고기에 비하여 육질이 질기고 비린내가 나며, 상대적으로 뼈와 기름이 많은 편

조리방법: Roasting, Grilling, Braising, Smoking

Goose(거위)

특성: 기러기목 오리과의 물새, 야생 기러기를 길들여 식육용으로 개량한 가금류, 연간 40개의 알을 낳음, 수명이 40~50년, 거위간을 이용한 요리로 푸아그라(Foie gras)가 있음

조리방법: Roasting, Grilling, Braising, Boiling

Pheasant(꿩)

특성: 닭목 꿩과의 새, 전체길이 수컷 80cm, 암컷 60cm, 생김새는 닭과 비슷하나 꼬리가 길다. 고단백, 저 지방식품, 한국, 중국(동부), 일본, 칠레(북동부) 등 분포

조리방법: Roasting, Grilling, Braising, Boiling

Pigeon(비둘기)

특성: 조류 비둘기목 비둘기과의 총칭, 289종이 알려져 있지만 한국에는 멧비둘기, 양비둘기, 흑비둘기, 염주비둘기, 녹색비둘기 등 5종이 서식함
조리방법: Roasting, Sauteing, Grilling

Quail(메추리)

특성: 닭목 꿩과의 조류, 약 18~20cm, 흰색을 띤 황갈색 바탕에 검정색 세로무늬가 있으며 배쪽은 등쪽보다 연한 색을 띰, 엷은 크림색 눈썹선 있음, 수컷은 멱이 짙은 갈색이며, 암컷은 멱이 희고 가슴에 얼룩점이 있음
조리방법: Roasting, Sauteing, Stuffing

Spring chicken(영계)

특성: 육질이 선홍색이고 크기가 적당하며 살이 두텁고 윤기가 흐르면서 탄력이 있는 것이 좋음, 무게가 2.6kg 이하, 부화 후 10주 이내인 어린 닭
조리방법: Roasting, Galantine, Sauteing, Grilling

Turkey(칠면조)

특성: 닭목 칠면조과의 조류, 북아메리카와 멕시코가 원산지, 몸길이는 수컷 약 1.2m, 암컷 약 0.9m이고 몸무게는 수컷 5.8~6.8kg, 암컷 3.6~4.6kg이다. 야생종은 초지와 산지에 걸쳐 생활
조리방법: Roasting, Sauteing, Grilling, Smoking

(3) Poultry(가금류)의 손질 방법

• **닭**

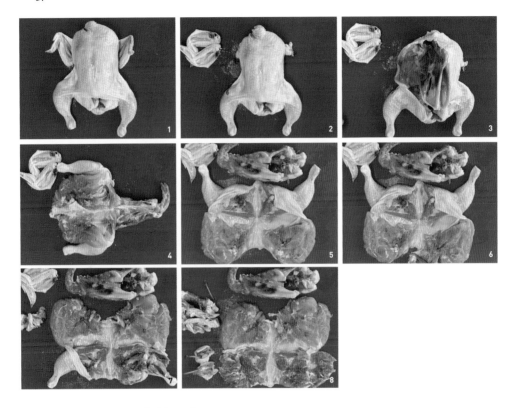

❶ 닭다리를 바깥쪽으로 꺾어 놓는다.

❷ 닭날개의 한 마디를 남기고 자른다.

❸ 가슴의 가운데 뼈 양쪽에 칼집을 넣어 살을 발라낸다.

❹ 살을 잡아 등쪽으로 잡아당긴다.

❺ 몸통의 뼈를 발라낸다.

❻ 날개 안쪽 뼈를 발라낸다.

❼ 다리뼈를 제거한다.

❽ 살과 모든 뼈를 제거한다.

(4) 닭고기의 부위별 특징과 조리법

어깨살/닭봉 ▶
breast quarter
육질이 부드러우며
지방이 적다

가슴살/안심 ▶
breast
지방이 가장 적고
맛이 담백하다

날개 ▶
wing
단백질과 콜라겐이
풍부하다

다리살 ▶
leg quarter
육질이 단단하며
필수 아미노산이 풍부하다

닭발 ▶
feet
콜라겐이 풍부하다

부위명	특징	용도	조리법
가슴살(Breast)	지방이 적고 단백질 함량이 높으며 칼로리가 낮고 맛이 담백함	샐러드, 커틀릿	포칭, 프라잉
날갯살(Wing)	지방과 콜라겐이 많아 부드럽고 맛이 좋음	핑거푸드	그릴, 프라잉, 스모킹
안심(Tenderloin)	가슴살 안쪽에 있으며 담백하고 지방이 매우 적음	핑거푸드, 샐러드	그릴링, 프라잉
다릿살(Leg)	운동을 많이 하는 부위로 육질이 쫄깃하여 맛이 좋음	커틀릿, 샐러드	그릴링, 프라잉, 스모킹

3) Meat

(1) Meat(육류)의 개요

인간은 선사시대부터 산이나 들에서 야생하는 식물의 열매를 따서 먹음으로써 탄수화물이나 기타 무기질을 섭취하였고, 들짐승이나 새들을 사냥하여 육류의 단백질을 섭취하였다. 불을 발견하면서 고기를 구워 먹게 되었고, 그 후부터 육류는 인간의 식생활에서 빠질 수 없는 고급 단백질 공급원으로 자리 잡게 되었다. 식문화가 발달하면서 사람은 야생동물을 순치 개량하여 집에서 기르기 시작하였는데 이를 가축이라는 이름으로 현재 다양한 동물들이 사육되고 있다. 이러한 가축에서 생산되는 도체를 육류라고 하며, 이는 소, 돼지, 양 등의 동물의 고기를 뜻한다.

육류는 양질의 단백질과 지질 등이 풍부하게 함유되어 있고, 비타민 B₁, B₂와 무기질 등이 들어 있는 우리 몸에 꼭 필요한 기초식품이다. 육류는 근육조직, 결합조직, 지방조직 등 3가지로 구성되어 있으며 뼈 등의 골격과 연결되어 있고, 도살 직후에는 근육이 뻣뻣해졌다가 일정 시간이 지나면 부드러워지는데 이를 사후 경직이라 한다. 경직기가 지나면 자기 소화기에 들어가는데 이 과정을 자기 숙성이라 한다. 대부분의 육류는 이러한 숙성과정을 거쳐야 고기 맛이 좋아지고 보존성도 증가되며 향기와 맛이 좋아진다. 육류의 성분을 살펴보면, 대체로 수분이 70%이고 단백질 20%를 포함하여 지방, 당질, 칼슘, 인, 철 등의 무기질과 비타민류 등으로 구성되어 있다.

육류라고 하는 것은 소, 송아지, 양 등 동물의 도체에서 생산되는 고기를 의미한다. 질 좋은 수육을 생산하려면 우량한 도체가 필요하다. 먼저 축육의 체형, 성별, 연령, 품종, 영양 상태에 따라 육질이 좌우된다. 오늘날의 고기 소비 경향은 전반적으로 지방보다 살코기를 더 선호하는데, 이와 같은 소비성향은 지방의 섭취에 의해서 체내에 콜레스테롤의 양이 증가된다는 사실이 알려짐으로써 더욱 커지고 있다. 콜레스테롤이란 핏속에 들어 있는 일종의 지방 성분으로서 혈관 벽에 침투하여 혈액순환에 지장을 주는 원인이 된다. 이것은 과다할 경우 동맥경화 등 각종 질병의 원인이 되기도 한다. 이처럼 소비자가 살코기를 즐기게 되고 소비함에 따라 동물 사육업자나 도축업자들에게도 생산의 방향과 수요성에 많은 변화를 가져왔다. 그리하여 단기간의 비육으로 빨리 출하할 수 있는 품종을 선택하고 증식하게 되었으며, 상강(Marbling)이 잘 구성된 양질의 수육을 생산하게 되었다. 상강이 잘 형성된 고기는 풍미가 있고 다즙성(Juiciness)이며 연하다.

식육의 성분은 60~80%가 수분이고, 수분을 제외하면 단백질이 주성분이다. 단백질에 이어 중요한 것은 지방으로 피하·장강(腸腔)·근육에 축적되는데 부위에 따라 함량이 다르다. 고기에는 소량의 글리코겐·포도당·갈락토오스 등의 탄수화물이 들어 있다. 글리코겐은 새로 잡은 고기에 있고 숙성할수록 파괴되어 양이 감소한다.

말고기에는 특히 2.3%나 함유되어 있다. 간에는 섭취한 탄수화물이 글리코겐의 형태로 저장되므로 근육에 비하면 훨씬 많다. 육류의 감칠맛과 관계가 있는 성분으로 육류에는 약 2%의 가용성 고형물질이 함유되어 있다.

고기를 삶을 때 국물에는 유기·무기화합물이 우러나오는데 특히 유기염류가 많다. 구수한 맛성분으로서는 이노신산·크레아틴·크레아티닌·메틸과니딘·카노신·콜린 염기류·푸린 염기류·글루탐산 등이 있다.

무기질은 1.0~1.5%로 소량이지만 이온의 형태, 무기화합물의 형태, 단백질과 결합된 형태 등 여러 현태로 들어 있다.

특히 칼륨·황·인이 많고 칼슘은 적다. 비타민으로는 티아민·리보플라빈·나이아신 등이 함유되어 있다. 육류의 소화율은 대략 95% 정도이나 조리방법에 따라 조금씩 다르다. 생육일 경우 소화율은 94.0%, 불고기 95.2%, 버터 구이 75.5%, 소금 절임고기 94.3% 정도이다.

(2) Meat(육류)의 구성요소

식용할 수 있는 동물의 육은 근육조직(muscle tissue), 결체조직(connective tissue), 지방 조직(adipose tissue), 골격(bone) 으로 구분한다.

① 근육 조직

근육조직은 육류 조직 중에서 가장 중요한 식용부분으로 횡근문(橫紋筋)이 주를 이루며 동물 신체의 30~40%를 차지하고 있다. 횡문근의 근육조직은 근섬유로 구성되어 있는데, 크기는 다양하지만 거의가 매우 가늘고 긴 모양이다. 지름은 1~100㎛이며, 길이는 수 mm~10cm 정도이다. 근섬유 내에는 근장이라고 하는 점도가 높은 액체가 존재하며, 근장에는 무기질, 비타민, 미오글로빈, 효소 단백질 등이 용해되어 있다. 또한 근섬유 내부는 미오필라멘트로 구성된 직경 1~3㎛ 정도로 가늘고 긴 근원섬유가 들어 있으며, 이

것을 전자현미경으로 관찰하면 어둡고 밝은 부분으로 나타난다. 근섬유가 약 50~150개가 모여서 근속을 형성하며 근속을 덮고 있는 막을 내근주막이라 하고, 여러 개의 근속들을 둘러싼 막을 외근주막이라 한다. 이들 내근주막과 외근주막은 모두 결체조직으로 이루어져 있다. 근속의 크기가 큰 것은 육의 질감이 거칠고 질기며, 크기가 작은 것은 육의 질감이 부드럽고 매끈하여 연한다.

② 결체조직

결체조직은 동물의 신체에서 몇 가지 역할을 한다.

근섬유를 둘러싸고 있는 막을 이며 근속과 근속을 연결하고 근육을 골격에 연결하며 2개의 뼈를 연결하는 데 필요한 인대를 이루며 체표면을 이루는 가죽을 만든다.

결체조직은 질기고 강한 섬유상을 나타내며 육류의 질감과 관계가 깊은 것으로 콜라겐, 엘라스틴, 레티큘린, 그라운드 섭스텐스의 4종류로 분류할 수 있다. 이들 중 조리와 가장 관계가 깊은 단백질은 콜라겐인데, 콜라겐은 60~75℃로 가열했을 때 길이가 1/3 정도로 수축되지만, 장시간 습열조리하면 불용성에서 가용성으로 바뀌면서 젤라틴으로 변화한다.

한편, 엘라스틴은 황색의 탄력성이 강한 섬유질로 이루어져 있으며, 콜라겐보다 훨씬 질겨서 오랜 시간 가열하여도 쉽게 연화되지 않는다. 그러나 근육조직에는 엘라스틴이 소량 함유되어 있으므로 조리에 크게 영향을 주지는 않는다.

레티큘린은 콜라겐의 일종인 섬유상 단백질이고, 그라운드 섭스텐스는 혈장단백질과 당단백질로 구성되어 있다.

③ 지방조직

지방조직은 근육과 결체조직 중에 존재하며, 특히 피하나 내장주위에 층을 이루며 축적되어 있다. 세포에 지방이 크게 침착되어 있는 것을 지방 조직이라 하며, 근육 내에는 백색의 작은 반점 같은 형태로 존재한다. 특히 근육과, 근속막, 근섬유막 등에 지방이 골고루 침착되어 근육 내에 미세한 지방조직이 고르게 분포된 상태를 마블링이라 하며, 마블링이 잘 이루어진 육류를 상강육이라 한다.

마블링은 육질을 연화시킬 뿐만 아니라 입 안에서의 촉감과 풍미를 좋게 한다. 마블링이 있는 육류는 건열조리가 적당한데, 가열처리 시에 지방조직이 녹아 윤활유 열할을 하여 입 안에서의 촉감을 좋게 한다.

지방조직은 동물이 어릴 때에는 백색을 나타내다가 나이가 들어갈수록 노란색을 나타내는데, 이는 지용성인 카로티노이드계 색소가 축적되기 때문이다.

④ 골격

골격의 상태는 동물의 연령에 따라 크게 좌우되는데, 근육과 골격과의 비율을 비교한다. 식용을 위한 동물은 골격에 비하여 근육의 함량이 많은 것을 선택하여야 한다.

골격의 내부는 황색 골수로 차 있는 것도 있으며, 해면모양으로 이루어져 있고 그 사이에 적색골수가 채워져 있는 것도 있다.

(3) Meat(육류)의 사후경직과 숙성

동물은 도살한 직후에는 근육이 부드러운 상태이나 시간이 경과됨에 따라서 근육이 신장성을 잃게 되며, 호흡을 통한 산소공급이 중지되고 혈액순환이 멈추게 되어 혐기적 해당작용의 진행으로 근육 내에 젖산이 축적된다. 따라서 도살된 후 ph가 6.5 이하로 되면 미오신과 결합한 ATP는 산성에서 활성화되는 인산효소의 작용을 받아 미오신과 ADP로 분해되며, 이때 분리된 미오신은 액틴과 결합하여 액토미오신을 생성한다. 액토미오신은 신장성이 적고 망상구조를 지니며 매우 단단한 것으로, 액토미오신이 생성된 상태를 사후경직이라 부른다.

또한 이 시기에는 인산의 생성으로 ph가 등전점 부근으로 저하되어 ph의 변화를 측정하여 사후경직을 추정하는 것이 가능하다. 사후경직이 일어난 고기는 보수성이 감소하여 질기고 맛이 덜해지며, 가열 시에도 육즙이 다량 유출되어 맛이 없어지고 더욱 더 질겨진다. 사후경직 시 보수성이 감소되는 이유는 단백질이 수화되는 것을 방해하는 칼슘이온의 작용을 억제하던 ATP가 분해되면서 단백질의 수화를 방해하는 칼슘이온의 작용이 활발해지는 까닭이다.

사후경직이 일어나는 시기와 기간은 동물의 종류, 도살방법 등에 따라 다른데 소와 말의 경우는 12~24시간, 돼지의 경우는 2~3일이며, 닭은 6~12시간이다.

사후경직이 어느 정도 지속되면 체내에 존재하는 단백질 분해효소에 의하여 자가소화가 일어나게 된다. 즉 근육에 존재하는 카텝신이라는 단백질 분해효소에 의해 고분자인 단백질이 저분자인 펩타이드나 아미노산으로 분해되며, 액틴과 미오신 사이에 존재하던 결합이 파괴되어 고기의 조직이 부드럽고 연해지는 과정을 숙성이라 한다.

숙성은 효소에 의한 단백질 분해반응에 의해 나타나는 것으로, 온도가 높아지면 숙성이 빠르게 일어나 미생물의 번식이 우려되므로 10℃ 이하의 저온에서 숙성하는 것이 일반적이다. 예로 쇠고기의 경우 4~7℃에서 숙성을 하면 7~10일이 소요되며, 2℃에서 숙성을 하면 약 2주일이 소요된다.

숙성이 완료된 고기는 보수성이 증가되며, 보수성이 높은 고기는 조리 시 육즙의 손실이 적어져서 연해진다. 그 밖에도 ATP가 ATPase의 작용을 받아 ADP를 거쳐 AMP로 분해되며, AMP는 이노신산으로 분해되고, 또 이노신산은 저장 중에 다시 하이포잔신과 이노신으로 분해되면서 맛성분이 생긴다. (ATP→ADP→AMP→IMP→Inosine→Hypoxanthine)

(4) Meat(육류)의 연화

① 육질에 영향을 주는 요인

우리는 좋은 고기란 연한 고기를 일컬을 정도로 고기의 질감을 평가할 때 부드러운 육질을 선호한다. 연한 육질에 영향을 주는 요인으로는 다음 몇 가지를 들 수 있다.

• 동물의 연령

일반적으로 늙은 동물의 근육이 어린 동물의 근육보다 질긴데, 이는 늙은 동물의 근육은 어린 동물의 근육보다 결체조직이 많기 때문이다.

• 근육의 운동량

운동량이 적은 부위인 등심, 안심, 갈비 부분은 운동량이 많은 목, 다리 부분에 비하여 연하다.

• 지방의 분포상태

지방의 분포가 고르게 나타난 상강육은 연하지만 근섬유만 늘어선 경우는 질기다.

② 육류의 연화방법

육류를 부드럽게 조리하기 위해서는 자르는 것과 관련된 물리적인 방법, 조미에 이용되는 화학적인 방법과 단백질 분해효소를 사용하는 방법을 활용할 수 있다.

• 물리적인 방법

육질을 연하게 하기 위한 물리적인 방법은 두 가지가 있다.

근섬유의 길이를 줄이는 것이다.

근섬유의 결과 반대가 되도록 썰어주거나 칼집을 넣어 근섬유의 길이가 짧아지도록 한다.

결체조직을 잘라주는 것이다.

고리를 다지거나 곱게 갈아주는 것으로 근섬유를 파괴하거나, 결체조직을 잘게 잘라준다.

• 화학적인 방법

화학적인 방법은 양념을 사용하는 방법으로 다음 몇 가지를 들 수 있다.

- 간장, 소금 첨가

간장이나 소금을 사용하여 1.3~1.5%의 염도를 만들어 주는 것이다. 이유는 근원섬유의 단백질이 염에 의해 용해되기 때문에 단백질의 수화력을 향상시킬 수 있다. 그러나 염 농도를 10~15%로 하면 오히려 탈수가 일어나 중량이 감소하고 육질이 더욱 질겨지며 맛이 없어진다.

– 설탕 첨가

설탕분자의 –OH기가 단백질과 수소 결합하여 구조를 안정화함으로써 단백질의 열응고 온도를 상승시켜 고기를 연화한다.

– 꿀 첨가

꿀에 함유된 과당의 보수성으로 고기가 수화되어 고기가 연해진다.

• 약산성화

ph를 약산성으로 해주면 수화력이 증가되어 고기가 연해진다. 따라서 육류요리를 하기 전에 식초, 토마토 주스, 과즙 등을 첨가하거나 프렌치드레싱이나 식초와 기름의 혼합액에 담가두었다가 조리한다. 반면 과도하게 산을 첨가하여 ph가 5.5 부근이 되면 등전점이 되어 고기가 가장 질겨지므로 주의하여야 한다.

• 효소에 의한 방법

질긴 고기를 조리할 때 단백질 분해효소를 첨가하여 결체조직이나 근섬유의 단백질을 가수분해하는 방법이 있다. 열대식물인 파파야에 함유된 파파인, 파인애플에 함유된 브로멜린, 무화과에 함유된 피신, 생강 등에 함유된 단백질 분해효소가 주로 육류의 단백질 가수분해에 이용되는 효소이다. 그 밖에 예로부터 배와 무를 사용하여 육류를 연화했는데, 이것도 배나 무에 있는 단백질 분해효소의 작용을 이용한 것이다. 최근에는 키위에 강력한 단백질 분해효소가 존재한다는 사실이 밝혀졌다.

이들 효소는 근섬유를 둘러싸고 있는 콜라겐·엘라스틴 같은 결체조직을 분해하며 실온에서는 서서히 작용하므로 충분한 반응시간을 지녀야 활성을 나타낸다. 그러나 파파인의 경우는 상온에서는 거의 작용하지 않고 55~80℃의 범위에서 활성을 지니며, 85℃에서는 불활성화된다.

고기에 단백질 분해효소를 사용할 때에는 얇게 썬 고기에 단백질 분해효소를 고루 뿌리거나, 덩어리로 썬 고기의 표면에 단백질 분해효소를 뿌려주고, 포크를 이용하여 단백질 분해효소를 고기의 내부로 찔러 넣는 방법이 있다.

(5) Meat(육류)의 특성

육류의 전체적인 특성에 알아보면 육류는 수분이 60~75%, 단백질이 20%, 지방, 당질, 칼슘, 인, 철 등의 무기질과 비타민류 등으로 구성되어 있는데 자체의 열량은 낮으나, 철분이나 지방의 연소를 촉진하므로 인체에 들어가면 고열량을 낸다. 지방 함유량은 육류의 종류와 부위에 따라 다르고 일반적으로 동물성 기름은 포화지방산의 양이 불포화지방산보다 많아 고혈압이나 동맥경화와 같은 성인병의 원인이 되기 쉽기 때문에 육류의 과잉섭취를 삼가는 게 좋다.

육류의 간과 신장에는 인, 철분 등의 성분이 함유되어 있고, 뼈에는 칼슘 성분이 함유되어있으며 비타민은 내장에 많이 함유되어 있다. 특히 간에 비타민 A, D가 많고 근육 속에 존재하는 것은 비타민 B군이다. 돼지고기에는 비타민 B_1이 많이 들어 있다.

종합적으로 육류의 특성을 정리해보면 인체에 들어가 고열량을 내고 동물성 기름은 포화지방산 함량이 높아 고혈압이나 동맥경화와 같은 성인병의 원인이 된다.

육류의 부위	영양소
간	비타민 A, 비타민 D, 인, 철분
뼈	칼슘
내장	여러 종류의 비타민
근육	비타민 B
신장	인, 철분

(6) Meat(육류) 분류와 종류

① 소

소목 솟과의 포유류로 임신기간 270~290일, 한 번에 1~2마리 낳고, 약 20년동안 생존한다. 뿔의 단면은 원형으로 정수리의 양쪽에서 나오며, 어깨의 융기가 약하고 체모가 짧다. 소는 영어로 거세하지 않은 수컷을 불(bull), 암컷을 카우(cow)라 하고, 가축화된 소를 총칭하여 캐

틀(cattle)이라고 한다. 전체적으로 부드럽고 짧은 털로 덮여있고 대체적으로 갈색이며 가축소의 경우 혈통에 따라 흰색에서 갈색, 검정색까지 다양한 색을 가지며 얼룩무늬나 점박무늬를 가지기도 한다.

소는 소속에 속한 초식동물로, 집짐승의 하나이다. 소는 사람에게 개 다음으로 일찍부터 가축화되어 경제적 가치가 높아 세계 각지에서 사육되고 있다. 소가 가축화된 것은 기원전 7000~기원전 6000년경으로, 중앙아시아와 서아시아에서 사육되기 시작하였고, 점차 동서로 퍼지게 되었다고 추정된다.

이집트, 메소포타미아, 인도, 중국 등지에서는 농경에 사용하기 위하여, 유럽에서는 고기와 젖을 얻기 위하여 사육을 시작했다. 소는 쇠고기, 송아지 고기 등 고기와 우유 등의 유제품, 가죽을 얻기 위한 목적과 수레, 쟁기 등의 짐을 끌게 하기 위해 기른다. 고기소처럼 고기를 얻기 위해서 키우는 소, 우유를 얻기 위해서 키우는 젖소 등이 있다. 산업화 이전에는 달구지나 쟁기를 끄는 데에 주로 이용되었다. 인도와 같은 일부 국가에서 소는 종교 의식에서 신과 비슷한 예우를 받으며 숭배의 대상이 되고, 먹지도 않는다. 오늘날 지구상에는 약 14억 마리의 소가 있는 것으로 추정되고 있다.

소는 반추동물인데 이 말은 소는 소화가 잘 되지 않는 먹이를 반복하여 게워내고 이를 새김질감으로 다시 씹을 수 있는 소화계통을 가졌다는 뜻이다. 새김질감은 다시 삼켜지고 반추위에 서식하는 특별한 미생물에 의하여 좀 더 소화가 된다. 이 미생물들은 섬유

소와 기타 탄수화물을 휘발성 지방산으로 전환하는데, 소는 물질대사의 주요한 에너지로 이 휘발성 지방산을 사용한다. 반추위에 서식하는 이 미생물들은 요소나 암모니아 같이 단백질이 아닌 질소 성분들로부터 아미노산을 합성해 낸다. 이러한 특징으로 소는 풀과 기타 초목을 먹고 잘 자란다.

암소의 수태 기간은 9개월이다. 막 태어난 송아지의 몸무게는 대략 35~45kg이다. 아주 큰 수송아지는 4,000파운드(약 1.8톤)까지도 나간다. 소의 최장 수명은 25년이다.

소는 일반적으로 용도에 따라 젖을 짜기 위한 유용종, 고기를 얻기 위한 육용종, 일을 부리기 위한 역용종, 젖과 고기 생산을 겸하는 겸용종 등으로 분류된다. 한우는 역용종에 속한다. 역용종에는 한우, 동남아시아에서 농사를 짓기 위해 기르는 물소가 있다.

쇠고기는 좋은 질의 동물성 단백질과 비타민 A, B_1, B_2 등을 함유하고 있어 영양가가 높은 식품이다. 소의 나이 · 성별 · 부위에 따라 고기의 유연성 · 빛깔 · 풍미가 다르다. 쇠고기는 고기소로서 사육한 4~5세의 암소고기가 연하고 가장 좋으며, 그다음에는 비육한 수소, 어린 소, 송아지, 늙은 소의 순으로 맛이 떨어진다고 알려져 있다. 약간 오렌지색을 띤 선명한 적색으로서 살결이 곱고 백색이면서 끈적거리는 느낌의 지방이 있는 것이 좋다. 지방이 붉은 살 속에 곱게 분산된 것일수록 입의 촉감이 좋고 가열조리하여도 단단해지지 않는다. 이유는 고기의 단백섬유는 급속히 가열될 때 수축되어 단단해지는 성질을 가지고 있으나, 지방은 열의 전달이 느리므로 붉은 살 부분의 급속한 온도 상승을 방지하기 위해서이다.

② 돼지

돼지속의 동물로, 고기를 이용할 목적으로 기른다. 영어로는 pig · hog · swine 등으로 쓰이고 수돼지는 boar, 암돼지는 sow로 표현한다. 털색은 핑크색이며 몸무게 230kg 이상이다. 돼지는 두꺼운 몸통과 짧은 다리, 작은 눈 그리고 짧은 꼬리를 가지고 있다. 짝짓기와 번식기 모

두 연중 가능하며 초산 연령이 8~18개월이다. 임신기간(포란기간)은 114~115일이며 새끼수(산란수)는 6~12마리이다. 가축화된 돼지는 고기를 얻기 위해 사육된다. 돼지는 땀샘이 없어서 추위와 더위에 민감하다.

돼지가 가축화된 시기는 동남아시아에서는 약 4800년 전, 유럽에서는 약 3500년 전이며, 한국에 개량종 돼지가 들어온 것은 1903년이다.

예로부터 제천의 희생물로 쓰였으며, 매우 신성시되었다. 고구려시대에는 음력 3월 3일에 사냥할 때 돼지와 사슴을 잡아 제사를 지냈고, 조선시대에는 동지가 지난 제3미일(未日)을 납일로 정해 큰 제를 지냈는데, 이때 토끼와 멧돼지를 제물로 사용하였다. 지금도 굿이나 동제(洞祭)에 제물로 쓰고 있다.

③ 양

어린 양의 고기는 새끼 양고기(lamb)라 하여 구별한다. 양은 외국에서는 유사 이전부터 길렀으나 한국에서는 백제 때부터 사육한 것으로 알려졌고, 최근에는 털 생산용으로 사육되고 있을 뿐 식육 생산용으로는 사육하지 않는다. 양고기는 섬유질이 연하므로 돼지고기의 대용으로 사용되지만 특유한 냄새가 난다. 냄새를 없애는 데는 생강·마늘·파·후춧가루·카레가루·포도주 등이 사용되며 끓는 물로 1번 데쳐도 된다.

양고기 요리로는 칭기즈칸 요리, 바비큐, 불고기, 스튜 등이 좋다. 또 점착력이 강하므로 햄·소시지의 결합제로서도 널리 사용된다. 고기 빛깔이 밝고 광택이 있으며 지방질이 적당히 섞인 백색의 것을 선택하는 것이 좋다.

생후 24개월 이상의 성숙 면양의 고기를 mutton이라고 부르고 12개월 이내의 젊은 면양의 고기는 lamb이라고 한다. 양고기의 근육섬유는 가늘고 점조성이 풍부하고 우수하지만 지방이 높고 특이한 냄새(낙산이 많다)가 나기 때문에 지방이 지나치게 많은 것은 원래 가공용에는 알맞지 않다. 그러나 원료육으로는 염가이기 때문에 가공 원료로서 호주,

뉴질랜드에서 수입되고 있다. 탈색, 탈취를 하고 나서 육제품 제조 원료로서 사용되고 있다. 또 어린 양고기(lamb)는 양고기 중에서도 최고급의 것으로 그 특징은 양고기 특유의 냄새가 없고 풍미도 양호하고 육질도 부드럽다. 세계 각국에서 좋아하고 있다.

④ 염소

소목 소과의 포유류로 가축인 염소류와 야생인 염소류, 즉 들염소(wild goat) · 마코르(makhor) · 투르(tur) · 아이벡스(ibexs) 등을 포함한다.

가축염소(Capra hircus)는 몸무게가 수컷 60~90kg, 암컷 45~60kg이고, 야생인 염소류의 어깨높이는 약 1m이다.

몸털은 양과 같이 부드러우나 양털 모양은 아니다. 몸빛깔은 갈색 · 검은색 · 흰색과 갈색 및 회색을 띤 갈색에 검은 무늬가 있는 것 등 여러 가지이다.

염소는 험준한 산에서 서식한다. 먹이는 나뭇잎 · 새싹 · 풀잎 등 식물질이고, 사육하는 경우에도 거친 먹이에 잘 견딘다. 임신기간은 145~160일이며, 한배에 1~2마리의 새끼를 낳는다. 갓 태어난 새끼는 털이 있고, 눈을 떴으며, 생후 며칠이 지나면 걸을 수 있다. 생후 3~4개월이면 번식이 가능하다. 수명은 10~14년이다.

⑤ 사슴

소목 사슴과에 속하는 동물의 총칭으로 몸길이 30~310㎝, 어깨높이 20~235㎝로, 소형종에서 대형종에 이르기까지 크기가 다양하다. 암컷은 수컷보다 몸집이 약간 작고, 뿔이 없다.

위턱에 앞니가 없고, 사향노루 · 고라니 · 키용 등에서는 위턱 송곳니가 엄니로 발달한다. 아래턱 송곳니는 앞니 모양을 하고 있다. 뿔의

크기와 송곳니의 발달과는 서로 연관이 있어 보인다. 장대한 엄니를 가진 사향노루 · 고라니 등은 뿔이 없고, 키용류는 뿔이 작다.

⑥ 노루

소목 사슴과의 포유류로 몸길이 100~120㎝, 어깨높이 60~75㎝, 몸무게 15~30㎏이다. 뿔은 수컷에게만 있으며, 3개의 가지가 있는데, 11~12월에 떨어지고 새로운 뿔은 5~6월에 완전히 나온다. 꼬리는 매우 짧다.

높은 산 또는 야산과 같은 산림지대나 숲 가장자리에 서식하며, 다른 동물과 달리 겨울에도 양지보다 음지를 선택하여 서식하는 특성이 있다. 아침 · 저녁에 작은 무리를 지어 잡초나 나무의 어린싹 · 잎 · 열매 등을 먹는다. 성격이 매우 온순한 편이지만 겁이 많다. 빠른 질주력을 가지고 있으면서도 적이 보이지 않으면 정지하여 주위를 살피는 습관이 있어, 호랑이 · 표범 · 곰 · 늑대 · 독수리 등에게 자주 습격당한다.

번식기는 9~11월이고, 임신기간은 약 300일이며 1~3마리의 새끼를 낳는다. 새끼는 희끗희끗한 얼룩무늬가 있고, 생후 1시간이면 걸어다닐 수 있으며, 2~3일만 지나면 사람이 뛰는 속도로는 도저히 따라갈 수 없게 된다. 수명은 10~12년이다. 3아종이 있다. 한국 · 중국 · 헤이룽강 · 중앙아시아 · 유럽 등지에 분포한다.

⑦ 순록

소목 사슴과의 포유류로 토나카이라고도 한다. 몸길이 1.2~2.2m, 어깨높이 0.8~1.5m, 몸무게 60~318㎏이다. 사슴류 중에서 가축화된 유일한 종류이다.

코 끝은 털로 덮여 있어 보온과 눈 속에서 먹

이를 찾는 데 도움이 된다. 발굽은 너비가 넓고 편평하게 퍼졌으며, 곁굽이 있다. 눈 위나 얼음 위를 활동하는 데 알맞도록 발굽 사이에 긴 털이 나 있다. 귀가 매우 작아 체열이 소모되지 않는다.

보통 5∼100마리가 무리를 지어 생활하며, 순록이끼 등의 지의류를 주식으로 하고, 그 외에 마른 풀이나 버드나무의 잎, 쑥, 속새 등을 먹는다. 봄에 수컷과 암컷이 따로 무리를 이루고, 가을의 번식기에는 수컷이 많은 암컷을 거느린다. 임신기간은 227∼229일이며, 5∼6월에 한배에 1마리의 새끼를 낳는다.

⑧ 토끼

토끼목 토끼과에 속하는 동물의 총칭으로 중치류(重齒類)라고도 한다. 아프리카·아메리카·아시아·유럽에 분포하며 종류가 많다. 일반적으로 토끼라고 하면 유럽굴토끼의 축용종(畜用種)인 집토끼를 가리킬 때가 많다. 귀가 길고 꼬리는 짧으며, 쥐목(설치류)과 달라서 위턱의 앞니가 2쌍이고, 아래턱을 양옆으로 움직여

서 먹이를 먹는다. 종에 따라 크기는 매우 다양하며 작게는 1∼1.5kg, 크게는 7∼8kg에 달하기도 한다. 토끼류를 일반적으로 나누면 멧토끼류(野兎類)와 굴토끼류(穴兎類)로 크게 나눌 수 있다

현재에도 서식하는 야생종에 들토끼(wild rabbit)와 산토끼(hare)가 있다. 집토끼(학명:Lepus cuniculus domesticus)의 선조는 지중해 연안지대에 서식하는 들토끼를 가축화한 것으로 가축화된 연대는 명확치 않지만 11세기경이라고 한다. 집토끼와 산토끼는 속이 다르고 염색체 수도 다르기 때문에 잡종은 만들 수 없다. 집토끼가 우리나라에 도입된 것은 이조 말엽으로 옛 이야기에 나오는 토끼는 산토끼이다. 용도별로 분류하면 모용종에는 앙고라(Angora)종, 모피용종에는 친칠라(Chinchilla)종, 뉴질랜드 화이트(New Zealand white)종, 모피고기 겸용종에는 일본백색종(Japanese white), 육용종에는 벨기에(Belgian)종, 애완용종에

는 히말라야(Hymalayan)종, 네덜란드(Dutch)종 등이 있다.

⑨ 멧돼지

소목 멧돼지과에 속하는 포유류로 몸길이 1.1~1.8m, 어깨높이 55~110㎝, 몸무게 50~280㎏이다. 유라시아 멧돼지라고도 하며, 한자어로는 산저(山猪)·야저(野猪)라고 한다. 일반적으로 서쪽의 개체보다 동쪽의 개체가 크며, 섬의 것보다 대륙의 것이 크다. 몸은 굵고 길며, 네 다리는 비교적 짧아서 몸통과의 구별이 확실하지 않다. 주둥이는 매우 길며 원통형이다. 눈은 비교적 작고, 귓바퀴는 삼각형이다. 머리 위부터 어깨와 등면에 걸쳐서 긴 털이 많이 나 있다.

성숙한 개체의 털빛깔은 갈색 또는 검은색인데, 늙을수록 희끗희끗한 색을 띤 검은색 또는 갈색으로 퇴색되는 것처럼 보인다. 날카로운 송곳니가 있어서 부상을 당하면 상대를 가리지 않고 반격하는데, 송곳니는 질긴 나무 뿌리를 자르거나 싸울 때 큰 무기가 된다. 늙은 수컷은 윗송곳니가 주둥이 밖으로 12㎝나 나와 있다.

깊은 산, 특히 활엽수가 우거진 곳에서 사는 것을 좋아한다. 본래 초식동물이었지만 토끼·들쥐 등 작은 짐승부터 어류와 곤충에 이르기까지 아무것이나 먹는 잡식성 동물로 변화하였다.

번식기는 12~1월이며, 이 시기에는 수컷 여러 마리가 암컷 1마리의 뒤를 쫓는 쟁탈전이 벌어진다. 임신기간은 114~140일이고, 5월에 7~8마리에서 12~13마리의 새끼를 낳는다.

(7) Meat(육류)의 손질 방법

• 양갈비 손질법

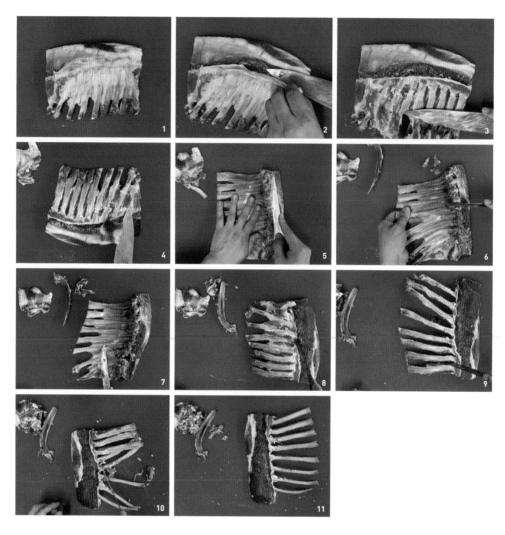

❶ 양갈비의 핏물을 제거한다.

❷ 양 등심살 위쪽 부분의 지방을 제거한다.

❸ 양갈비뼈 위쪽 부분의 지방을 제거한다.

❹ 양 등심살에 붙어 있는 힘줄을 제거한다.

❺ 안쪽에 붙어 있는 잔뼈를 제거한다.

❻ 갈비의 뼈와 뼈사이의 잔뼈를 제거한다.

❼ 뼈 안쪽의 지방을 제거한다.

❽ 갈비의 뼈와 뼈 사이에 칼집을 넣어 준다.

❾ 갈비의 뼈와 뼈 사이의 살을 제거한다.

❿ 갈비의 뼈를 칼로 긁어준다.

⓫ 갈비의 뼈를 칼로 긁어 깔끔하게 제거한다.

• 소 안심 손질법

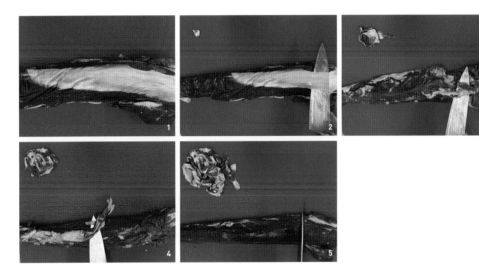

❶ 묻어 있는 핏물을 제거한다.

❷ 안심의 윗부분 힘줄을 제거한다.

❸ 옆면의 살과 지방을 제거한다.

❹ 뒷면 부분의 지방을 제거한다.

❺ 용도에 맞게 부위별로 절단한다.

• 소 안심의 부위별 명칭

– 헤드(Head) : 쇠고기 안심의 첫 번째 부위

– 사또브리앙(Chateaubriand) : 안심 중 가장 연한 부위로 통째로 구워 제공

- 필렛스테이크(Filet Steak): 안심 중 가장 연한 부위 Steak로 구워 제공
- 투르네도(Tournedos): 안심의 얇은 끝부분 140g 정도, '눈 깜짝할 사이 스테이크'
- 필렛미그뇽(Filet mignon): '아주 예쁜 소형의 안심 스테이크'라는 의미
- 필렛 팁(Filet Tip): 안심의 가장 끝부분

(8) 육류의 부위별 특징과 조리법

① 소고기

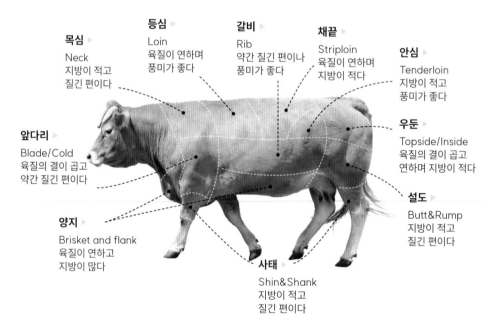

부위명	특징	용도	영양소
목살(Chuck)	지방이 적고 결합조직이 많아 육질이 질김	미트볼, 햄버거 패티	스튜, 브레이징
등심(Loin)	근육의 결이 가늘고 지방이 있어 맛이 좋음	스테이크	그릴링, 브로일링, 로스팅
안심(Tenderloin)	지방이 적고 부드럽고 연함	스테이크	그릴링, 브로일링
양지(Brisket)	섬유가 섞여 질김	미트볼, 햄버거 패티, 콘비프	스튜, 브레이징, 보일링

부위명	특징	용도	영양소
우둔(Round)	지방이 적으며 맛이 좋음	스테이크	그릴링, 브로일링, 로스팅
갈비(Rib)	마블링이 좋으며 약간 질기며 맛이 좋음	스테이크	그릴링, 브로일링, 로스팅
채끝살(Striploin)	지방이 적당히 있어 맛이 좋음	스테이크	그릴링, 브로일링, 로스팅

② 돼지고기

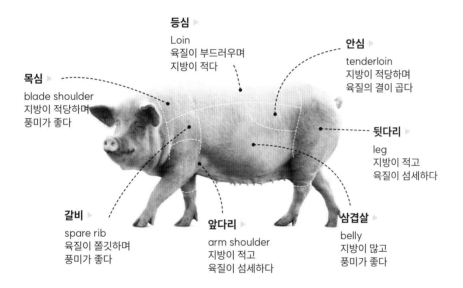

등심 ▶
Loin
육질이 부드러우며
지방이 적다

안심 ▶
tenderloin
지방이 적당하며
육질의 결이 곱다

목심 ▶
blade shoulder
지방이 적당하며
풍미가 좋다

뒷다리 ▶
leg
지방이 적고
육질이 섬세하다

갈비 ▶
spare rib
육질이 쫄깃하며
풍미가 좋다

앞다리 ▶
arm shoulder
지방이 적고
육질이 섬세하다

삼겹살 ▶
belly
지방이 많고
풍미가 좋다

부위명	특징	용도	영양소
어깨살(Shoulder)	어깨 부분의 살로 근육 사이에 지방이 있어서 맛이 진함	패티, 소시지	브레이징, 로스팅
등심(Loin)	살이 풍부하고 두꺼운 지방층이 덮여있어 연하고 결이 섬세함	스테이크	로스팅, 프라잉
안심(Tenderloin)	지방이 약간 있어 맛이 부드럽고 갈비 안쪽에 있어 맛이 좋음	스테이크	로스팅, 프라잉

부위명	특징	용도	영양소
갈비(Rib)	근육 내 지방이 소량함유, 맛이 좋음	바비큐, 스테이크	브로일링, 로스팅
다리(Leg)	육색이 짙고 지방이 적음	꼬치, 바비큐	로스팅, 스튜잉
삼겹살(Belly)	복부에 위치 근육과 지방이 있어 풍미가 좋음	바비큐, 베이컨	로스팅, 브레이징, 그릴링

(9) 육류의 스테이크

① 스테이크의 정의

보통 소고기·송아지고기·양고기의 연한 부분을 구운 것을 말하나 생선 중에서 대구·광어·연어·다랑어 같은 기름기 많고 큰 생선을 손질하여 토막쳐서 구운 것도 스테이크라고 한다. 그러나 일반적으로 스테이크라고 하면 쇠고기를 구운 비프스테이크(beef steak)를 말한다. 쇠고기에서 스테이크용으로 사용하는 부분은 소의 어깨부분부터 등쪽으로 가며 갈비·허리·허리 끝까지를 사용한다.

어깨부분에서 잘라낸 것에 블레이드 스테이크(blade steak)가 있고, 갈비부분에서 잘라낸 것에 리브 스테이크(rib steak)가 있으며, 허리부분에서 잘라낸 것에는 포터하우스 스테이크(porterhouse steak)·티본 스테이크(T-bone steak)·클럽 스테이크(club steak)가 있다. 허리끝에서 잘라낸 것에는 설로인 스테이크(sirloin steak)와 핀본 설로인 스테이크(pinbone sirloin steak)가 있다. 이러한 연한 부분 외에 넓적다리 부분에서 떼어 낸 라운드 스테이크(round steak)가 있다.

- 안심(Fillet/Tenderloin): 안쪽에 붙은 살
- 등심(Sirloin): 마지막 갈비에서 둔부까지 위쪽 등허리에 붙은 살, 적절한 유지방과 약간은 거친 듯한 육질의 감칠맛 때문에 인기가 높다. 특히 마지막 갈빗대에서 등심 직전까지를 쇼트로인(Shot Loin)이라 하여 이곳에서 그 유명한 티본(T-bone)과 포터하우스(Poterhouse)가 나온다.

대체로 미국의 도시명이나 지방명이 들어간 등심 스테이크는 양에 따라 이름이 갈린다. 보통 서로인 스테이크가 약 180g을 잘라서 만들고, 뉴욕 컷(New York Cut)이라 하면 약 350g을, 더블 텍산(Double Texan)은 약 450g의 등심을 잘라서 만든다.

② **스테이크의 유래**

- **등심 스테이크(sirloin)**: 영국에서 등심 스테이크의 본래 명칭은 '로인 오브 비프(Loin of Beef)'였으나 영국 국왕 찰스 2세(1660~1685)의 요리장은 항상 둔부에 가까운 로인을 왕에게 구워드렸다. 이 스테이크를 즐겨 먹던 찰스 2세는 어느 날 시종에게 "식사 때마다 짐을 즐겁게 해주는 이 고기가 무엇인고"라고 물었다. 시종이 식탁에 있는 고기를 가리키며 '로인 오브 비프'라고 대답했고, 왕은 검을 가져오게 하여 'Sir? Loin?'이라고 기사(Knight) 작위를 수여하면서부터 서로인(Sirloin)이라고 불리고 있다.
- **살리스버리 스테이크(salisbury)**: 살리스버리라는 사람이 고기를 덩어리째로 먹은 사람들이 자주 체하는 모습을 보고 고안해낸 쇠고기 스테이크이다. 채소와 고기를 다져서 입자를 작게 하여 소화를 잘되게 만들었다.
- **뉴욕스테이크(New york)**: 소 등심 중 기름기가 가장 적은 가운데 부분으로 자른 고기 모양이 미국 뉴욕주와 비슷하다 하여 붙여진 이름이다.
- **스트립로인(Striploin)**: 등쪽에서 엉덩이 전까지의 부위를 로인(loin)이라 하는데 '벗겨지다'의 뜻을 가진 strip과 로인 부위의 loin이 합성된 말이다.
- **텐더로인(Tenderloin)**: 등쪽에서 엉덩이 전까지의 부위를 로인(loin)이라 하는데 '부드럽다'의 뜻을 가진 Tender와 로인 부위의 loin이 합성된 말이다.
- **샤또 브리앙 스테이크(chataeubriand)**: 프랑스의 쇠고기 요리 중 가장 고급 요리다. 샤또 브리앙이란 소의 안심 중 가장 부드럽고 기름기가 없는 부분을 말한다. 소 한 마리를 잡으면 4인분 정도 나온다.

샤또 브리앙 스테이크는 19세기 프랑스의 유명한 작가이자 정치가 외교관인 샤또 브리앙 남작의 이름이다. 브르따뉴(Bretagne)의 아름다운 도시 생말로(Saint malo)의 귀족이던 샤또 브리앙은 대단한 미식가였다. 어느날 샤또 브리앙 남작이 몸이 아파

식음을 전폐하자, 그의 요리사 몽미라이(Chef Montmirail)는 안심 중 가장 부드러운 부분만을 발췌하여 스테이크를 만들어 바쳤다. 안심도 부드러운데 그중에서도 더 부드러운 곳을 추려낸 것이니 샤또 브리앙 남작이 감동하였다. 이 조리법은 곧 소문이 나서 그 당시 귀족들 사이에 최상급의 요리로 각광받게 되었다.

전해 내려오는 말에 의하면 몽미라이 주방장은 샤또 브리앙 스테이크를 최상으로 굽기 위해 두 개의 다른 안심 사이에 놓고 구웠다고 한다.

죽 양쪽에 얇은 일반 안심을 함께 조리해 그 표면이 바삭할 정도로 구워지면 두꺼운 샤또 브리앙의 안은 그대로 핑크색이기 때문이었다. 원래 샤또 브리앙 소스를 곁들였는데 현대에는 버터 와인이 들어간 베어네즈 소스와 양끝이 뾰족하게 럭비 공 모양으로 깎은 샤또 포테이토가 함께 서빙된다.

- **햄버거 스테이크(hamburger)**: 1904년 미국 세인트 루이스에서 개최된 박람회장 내에서 개최되었던 세계박람회에서 유래되었다. 박람회장에서 근무한 어느 조리장이 너무나 바빠서 일손이 적게 들고 신속하게 나갈 수 있는 간단한 요리를 만들어 팔기 시작하였다. 그것이 번즈(buns)라고 불리는 둥근 빵에다가 햄버거 패티를 샌드한 것이다.

③ 스테이크의 조리법

스테이크의 조리법으로는 고기를 석쇠에 올려 놓고 직접 불에서 굽는 브로일드 스테이크(broiled steak), 두꺼운 철판이나 프라이팬에서 굽는 팬브로일드 스테이크(pan-broiled steak), 브로일링한 스테이크를 오븐 속에서 데운 사기접시나 금속제 접시에 담은 후 버터를 바르고 소금과 후춧가루를 뿌려 대접하는 플랭크트 스테이크(planked steak), 고기 두께를 1.3cm 정도로 얇게 저민 미뉴트 스테이크(minute steak), 간 고기를 반을 지어 구운 햄버거 스테이크(hamburger steak), 라운드 스테이크같이 약간 질긴 부분의 고기를 칼등이나 두꺼운 접시로 두들겨 고기를 연하게 한 후 프라이팬에 기름을 두르고 고기의 양쪽을 누렇게 구워 약간의 물을 붓고 약한 불로 뚜껑을 닫고 익힌 스위스 스테이크(Swiss steak) 등이 있다.

· 익힘 정도

스테이크를 구울 때는 강한 불로 굽는데, 기호에 따라 굽는 정도를 달리한다. 겉만 누렇게 익혀 썰었을 때 피가 흐르게 익힌 정도를 레어(rare)라고 하고, 겉은 익었으나 속에 약간 붉은색이 남아 있는 정도를 미디엄(medium), 그리고 속까지 잘 익힌 것을 웰던(welldone)이라 한다. 세분화하면 블루(Blue), 레어(Rare), 미디엄 레어(Medium Rare), 미디엄(Medium), 미디엄 웰던(Medium Well-done), 웰던(Well-done)이라 한다. 음식점에서 스테이크를 주문받을 때는 반드시 고기의 익히는 정도를 웨이터가 묻는다.

2. Side Dish Part

1) Vegetable의 개요

채소는 다양한 맛, 조직, 색으로 구성되어 있고 영양학적으로 보아도 특수한 비타민, 무기질을 많이 함유하고 있고 특히 수분이 70~80% 정도 있는 반면 칼로리, 단백질 함량이 적어 체중을 줄이는 식이요법에 많이 이용되고 있다.

채소는 알칼리성 식품이므로 산성인 고기, 생선 등과 곁들이면 영양학적으로 균형을 취하는 데 매우 중요한 요소이다.

채소는 본래 중국에서 온 말이고 일본은 채소라고 말하며 우리는 나물이라고 했다. 먹을 수 있는 풀은 모두 나물이라고 볼 수 있다. 엄격히 구분하면 재배나물(남새, 채소)과 채산나물(산채, 산나물)로 나눌 수 있다.

대부분의 채소는 적어도 80%가 물로 이루어져 있으며, 나머지 성분으로 탄수화물, 단백질, 지방이 있다. 채소의 비상음식 공급체로 사용되는 감자가 전분을 많이 함유하고 있는 반면에, 시금치는 특히 수분의 함량이 높다. 전화당 또한 음식의 기본요소이며 자당은 옥수수, 당근, 양파, 그 밖의 채소에 함유되어 있다. 채소는 자랄 때 목질의 리그닌이 증가되고, 수분이 증발되며 단맛이 농축된다.

각 채소는 세포의 조직배열과 그것이 함유하는 여러 가지 다양한 성분에 따라 독특한 특성을 갖는다. 채소를 고를 때 축 늘어지고 시들었거나 변색된 것, 수확할 때 손상된 것은 확실히 피해야 한다. 잎채소는 식물의 기생충 때문에 주의 깊게 골라야 한다.

채소는 가능한 한 필요한 양만 준비한다. 채소는 요리하기 바로 직전에 씻고 껍질을 얇게 벗긴다. 비타민은 보통 껍질 바로 밑부분에 분포한다. 우리는 전분이나 셀룰로오스 성분을 파괴하여 보다 더 소화되기 쉬운 형태로 만들기 위하여 열을 사용하여 채소를 조리한다. 대부분의 채소들은 그들의 특징과 맛, 신선함을 보존하기 위하여 가능한 한 빨리 조리되어져야 한다. 양배추는 자르고 채 썰 때 비타민 C나 B를 40% 정도까지 잃을 수 있다. 일단 그 채소가 물에 담겨졌었기 때문에 조리하는 실제적인 양에는 차이가 없다. 채소를 끓이거나 저어가며 튀기는 것보다 증기에 채소를 찌는 것이 좋다. 압력이나 초단파를 이용한 요리는 채소에 들어 있는 영양분의 양을 최대한 보존한다.

공기와 접촉한 채소는 그것이 조리되었거나 날것이든 간에 변색되기 쉽다. 이것은 산화를 일으키는 어떤 효소 때문이나 이러한 산화작용은 산의 첨가로 멈추게 할 수 있다. 이 때문에 조리사들이 셀러리나 사과의 껍질을 벗긴 후 산성을 띤 물(약간의 레몬주스가 첨가된)에 집어넣는다.

2) Vegetable의 분류와 종류

채소를 학술적으로 분류해 보면 다음과 같다.
- **엽채(잎):** 상추, 양상추, 배추, 시금치, 양배추, 로메인, 루굴라, 롤라로사, 브루셀 수프라웃, 청경채, 치커리, 라디치오, 엔다이브, 단델리온, 그린비타민, 부추
- **경채(줄기):** 셀러리, 아스파라거스, 펜넬, 콜라비, 릭, 양파. 대파, 마늘, 샬롯, 죽순, 두릅

- **과채(열매)** : 가지, 오이, 호박, 토마토, 파프리카, 오쿠라, 스트링 빈스
- **근채(뿌리)** : 감자, 고구마, 당근, 무, 비트, 연근, 셀러리악, 파스닙, 도라지, 우엉
- **화채(꽃)**: 브로콜리, 커리플라워, 아티초크, 오이꽃
- **종채(씨)**: 콩, 옥수수, 깨

(1) 엽채류

채소류 중에서 가장 채소다운 채소라 할 수 있으며 배추, 양배추, 양상추, 쑥갓 등 잎을 먹는 채소이다. 수분은 많으나 당질과 열량이 낮고 무기질, 비타민이 많으며, 특히 짙은 색의 잎에는 비타민 A가 풍부하다. 시금치나 근대 등에는 칼슘이 많기는 하지만, 수산과 결합하여 소화되지 않는 수산화칼슘으로 변하기 때문에 체내에 흡수가 되지 않는다.

부추	– 영양가가 높은 달래과에 속하는 다년생 초본 – 자양 강장제로 분류되어 있는 한약재, 혈액 순환을 촉진하는 효능, 몸을 보온하는 효과 있음 – 나쁜 피를 배출하는 작용이 있어서 생리 양을 증가시키고 생리통을 없애주며 빈혈치료에 효과 있음, 음식물에 체해 설사를 할 때 부추를 된장국에 넣어 끓여 먹으면 효력이 있으며, 구토가 날 때 부추의 즙이 효과 있음
배추	– 감기를 물리치는 특효약 – 배추를 약간 말려서 뜨거운 물을 붓고 사흘쯤 두면 식초맛이 나는데 가래를 없애주는 약효가 뛰어나 감기로 인한 기침과 가래 증상을 해소함
시금치	– 비타민 A는 채소 중에서 가장 많음 – 칼슘, 철분, 옥소 등이 많아서 성장에 효과 있음 – 강장보혈에 효과, 사포닌과 질이 좋은 섬유가 들어 있어 변비에도 효과, 철분과 엽산이 있어 빈혈 예방에도 효과 있음
쑥	– 무기질과 비타민을 훨씬 많이 함유, 비타민 A가 많이 함유됨 – 비타민 C 함유, 부인병, 토혈하혈, 코피, 토사, 비위 약한 데, 통증, 감기, 열, 오한, 전신통에 효과 있음
양배추	– 양배추의 잎에는 비타민 A와 비타민 C가 많음 – 혈액을 응고시키는 작용을 하는 비타민 K와 항궤양 성분인 비타민U도 많아서 위염, 위궤양 환자들의 치료식으로 사용함 – 식물성 섬유질이 많아 변비를 없애주고, 현대인의 산성체질을 바꾸는데도 효과 있음

미나리	– 황달, 부인병, 음주 후의 두통이나 구토에 효과 있음 – 혈압을 내려 고혈압 환자가 즐겨 찾는 식품, 심장병, 류머티스, 신경통, 식욕 증진에 효과 있음
로메인	– 상추의 일종으로 에게해의 코스섬이 원산지여서 코스 상추라고도 함 – 로마의 줄리어스 시저가 좋아한 샐러드라고 해서 시저스 샐러드라고도 불림 – 로마사람들이 많이 소비하는 상추여서 로메인 상추라고도 함 – 각종 미네랄이 풍부, 칼륨, 칼슘, 인 등이 다량 함유, 피부 건조를 막아주고, 잇몸을 튼튼하게 해 줌
엔다이브	– 은은한 쓴맛이 나는 게 특징 – 상추류, 물냉이, 피망과 함께 모둠 샐러드로 많이 쓰임 – 삶거나 수프에 넣거나 고기 요리에 다른 채소와 함께 넣어 끓여도 사용 – 비타민 A, 카로틴, 철분이 풍부
무순	– 일본, 서양, 중국요리 등에 자주 이용되며 돼지고기, 쇠고기와 잘 어울림 – 비타민이 풍부, 생으로 먹으면 전분을 소화시키는 아밀라제 작용 – 비타민 A, 카로틴 등이 풍부, 열을 내려주고 부기를 가라앉히며 폐를 활발하게 함
겨자채	– 색이 선명하고 잎이나 잎맥에 생생한 활력이 있으며 잎이 두껍고 광택이 있는 것이 신선함 – 비타민 A, C, 카로틴, 칼슘, 철이 풍부함. 눈과 귀를 밝게 하고 마음을 안정시켜주는 효능 – 겨자, 시금치, 당근을 섞어 갈아마시면 치질, 황달 치료에 효과
오크리프	– 상추의 한품종으로 샐러드와 쌈으로 많이 먹음 – 비타민 C가 풍부하며 규소가 80% 이상 들어있음
상추	– 단백질과 지방, 당질, 칼슘, 인, 철분 등과 비타민 A, C 등이 풍부 – 불면증과 황달, 빈혈, 신경과민 등에 효과, 치아 미백효과 – 담이 결릴 때는 잎을 쪄서 환부에 붙이면 담을 풀어주는 효과 – 상추 잎을 찧어 즙을 내어 타박상부위에 바르면 효과, 피를 깨끗하게 만드는 정혈 효과

(2) 경채류

줄기를 이용하는 채소로서 셀러리, 아스파라거스, 펜넬, 콜라비, 릭, 양파. 대파, 마늘, 샬롯, 죽순, 두릅 등이 경채류이다.

양파	– 다른 음식물에 들어있는 비타민 B_1의 흡수가 잘 되고 채소 샐러드에 얇게 썬 양파를 넣으면 다른 채소가 가지고 있는 비타민 B_1의 흡수율이 높아져 영양적으로 매우 좋아짐 – 인슐린 분비를 촉진시키는 작용과 당뇨로 인해 생기기 쉬운 각종 성인병 예방에 효과

파	– 성인병의 원인인 콜레스테롤을 낮추고 혈청 내 인슐린 농도를 낮추고, 노화 억제 물질과 암 예방 및 신장 활성 물질을 다량 함유 – 파 특유의 냄새로 알려진 알리신 성분은 비타민 B_1을 활성화하여 특정 병원균에 대해 강한 살균력 있어 면역력 강화에 좋음 – 건위, 살균, 이뇨, 발한, 정장 구충, 거담 등의 효과
두릅	– 단백질과 무기질이 많고, 비타민 C와 섬유질이 풍부 – 두릅의 뿌리 부분은 땀을 내게 하고 몸을 따뜻하게 하며 이뇨 작용이 있어서 생약 재료쓰임 – 단백질과 비타민 C가 풍부하며, 독특한 향기로 입맛을 돋우어주는 영양가 높은 채소
셀러리	– 비타민이 가장 많이 들어있는 채소 중의 하나 – 식물성 식품으로는 드물게 비타민 B_1, B_2가 풍부해서 강장 효과와 위의 활동을 원활히 해줌 – 일반적인 다른 채소보다 비타민의 함량이 거의 10배 이상 – 치즈나 달걀 등의 단백질 식품과 칼슘이 풍부한 멸치, 마른새우 등과 함께 먹으면 영양 효과 – 체내의 무기성 칼슘을 분해 시켜 축적된 장소로부터 분리, 배설하는 작용을 하므로 피로와 노폐물을 가시게 하고 영양의 유동성을 유지시켜줌

(3) 과채류

과채류는 열매를 이용하는 것으로 수분함량이 높고 당질은 적다. 식물이 성장하면서 강수량과 일조량 등에 많은 영향을 받는다. 가지, 호박, 토마토, 오이 등이 과채류에 속한다.

생식기관인 열매를 식용하는 채소들로서 오이 · 호박 · 참외 등의 박과(科) 채소, 고추, 토마토, 가지 등의 가지과 채소 등으로 구분한다.

가지	– 가지는 빈혈, 하혈 증상을 개선, 혈액 속의 콜레스테롤 양을 저하시키는 작용이 있고, 고지방식품과 함께 먹었을 때 혈중 콜레스테롤 수치의 상승을 억제 – 간장 및 췌장의 기능을 항진, 이뇨작용, 가지의 스코폴레틴, 스코파론은 진경작용, 진통을 위해 사용
고추	– 평소 몸이 차서 소화 장애를 자주 경험하는 사람에게는 좋은 식품 – 매운 맛이 소화를 촉진시키고 침샘과 위샘을 자극해 위산 분비를 촉진 – 캡사이신 외에도 비타민 A, C가 많이 들어 있어 각종 호흡기 질환에 대한 저항력을 증진 – 비타민 C는 사과의 20배일 정도로 풍부

파프리카	- 비타민 C와 A가 특히 풍부한 채소 - 기름에 볶거나 튀기면 카로틴의 흡수를 도와 주는 효과 - 비타민 A와 C가 세포작용을 활성화하여 신진대사를 활발하게 하고, 몸 안을 깨끗하게 해줌
오이	- 발모작용, 체열강하, 해갈작용, 이뇨작용(이뇨작용이 있어 껍질이나 덩굴을 달여서 마시면 부종에 효과)과 화상, 타박상 치료, 신장병, 심장병 등 부종 치료 작용(비타민 B, C와 칼륨(K)의 작용), 피부미용 개선작용(비타민 C를 산화하는 효소가 들어 있어 다른 채소와 섞어서 주스를 만든 것을 삼가), 항종양작용(Cucubitacin C는 동물 실험에 항암성 종양작용이 있고 Cucubitacin B는 간염에 대하여 효과)
호박	- 중풍예방 효과, 감기에도 걸리지 않으며 동상도 예방 - 호박은 이뇨 작용을 하여 부종을 낫게 하고 배설을 촉진하며 바타민 A가 풍부하여 피부 미용에도 효과, 해독 작용을 하여 숙취 해소에도 효과, 산후부종 및 신장기능 강화, 이뇨작용, 통증을 가라앉히는 소염작용, 해독작용, 통증 완화 작용
토마토	- 비타민 C가 풍부, 고혈압, 당뇨병, 신장병 등 만성질환을 개선, 식이섬유는 변비예방, 대장의 작용을 좋게 해 혈액 중의 콜레스테롤 수치를 낮추고 비만을 예방하는 데 효과 - 비타민 C가 풍부해서 고혈압을 예방 - 비타민 A, B, C, 칼륨, 칼슘 등의 미네랄을 함유 - 체내의 수분 양을 조절해서 과식을 억제하고, 소화를 촉진하여 위장, 췌장, 간장 등의 작용을 활발하게 함 - 비타민 K, 비타민 A, C, E, 함유, 노화를 방지하는 성분이 들어있어 몸을 젊게 해주고, 골다공증을 예방

(4) 근채류

근채류는 근경, 괴경, 구경, 비늘줄기와 근을 모두 포함한다.

근경은 뿌리 줄기를 일컫는 말로서 특수한 형태의 줄기가 영양성분을 저장하면서 비대해져서 뿌리처럼 보이는 것이며, 괴경은 감자·돼지감자 등의 덩이줄기를 말하는 것으로 땅속줄기의 끝부분이 영양성분을 저장하여 만들어진 형태이다.

구경은 토란과 같이 지하의 줄기가 비대해져서 공 모양으로 된 것이고, 비늘줄기는 양파·마늘과 같이 땅속줄기의 일종을 말하며, 근은 무·당근 등 토양으로부터 수분과 영양성분을 흡수하는 뿌리가 다량의 영양성분을 저장하게 된 것을 말한다. 다른 채소에 비해 수분함량이 적고 당질함량은 높다. 무·순무·당근·우엉 등과 같이 곧은 뿌리와 고구마·마 등과 같이 뿌리의 일부가 비대한 덩이뿌리(塊根)를 이용하는 것, 연근·감자·생강 등과 같이 땅속줄기(地下莖)가 발달한 것을 이용하는 것이 있다.

당근	– 비타민 A가 많은 식품, 당근에 함유된 카로틴은 보통 시금치의 1.5배, 콜리플라워의 9배 정도 함유 – 카로틴은 우리 몸 안에서 비타민 A로 바뀌기 때문에 프로비타민 A라고 불리기도 하며 면역력에 좋음 – 비타민 A는 물에 녹지 않고 가열해도 분해되지 않는 성질이 있으므로 당근은 기름으로 볶아 요리하는 것이 제일 좋은 방법
감자	– 암을 억제하는 글로로겐산이 풍부하게 들어있어서 항암식품 중의 하나 – 천식, 피부염 등 알레르기 체질의 개선에 많이 사용
마	– 설사, 오래된 기침, 당뇨, 유정, 대하, 소변빈삭 등에 사용 – 소화기계통을 도와주며 보익작용, 호흡기계에도 좋고 당뇨에도 효과
마늘	– 곰팡이를 죽이고 대장균·포도상구균 등의 살균 효과 – 비타민 B를 많이 함유, 마늘의 알리신 성분은 신경안정 작용, 외부로부터의 자극을 완화시키거나 활력을 높임
무	– 즙을 내어 먹으면 지해(址咳) 지혈(地血)과 소독, 해열 – 삶아서 먹으면 담증을 없애 주고 식적(食積)을 제거 – 디아스타제 같은 전분 소화효소는 물론 단백질 분해효소도 가지고 있어서 소화 작용 – 무즙은 담을 삭여주는 거담작용, 니코틴을 중화하는 해독작용, 노폐물 제거작용, 소염작용, 이뇨작용이 있어서 혈압을 내려 주며, 담석을 용해하는 효능이 있어 담석증을 예방
고구마	– 고구마는 비타민 C가 많고, 열을 빨리 내리는 작용, 섬유질이 많아 변비에 효과 – 장내에서 발효하여 뱃속에 가스가 차기 쉽지만 소화흡수가 잘되며, 칼슘과 인이 풍부하고, 고구마의 비타민 C는 열에 강하여 가열해도 파괴되지 않음 – 체력을 높이고 위장을 튼튼하게 하며, 정력을 증진시키는 등 인체에 매우 좋은 식품
생강	– 식욕을 돋워주고 소화를 도와주며, 식중독을 일으키는 균에 대해 살균, 항균 작용 – 속이 거북하거나 메스꺼움, 딸꾹질 등을 멈추는 작용 – 생강은 땀을 내고 소변을 잘 나오게 하여 부기를 빼주며, 몸을 훈훈하게 하여 냉강증, 불감증, 생리불순 등을 고쳐주는 효능 – 혈중 콜레스테롤의 상승효과를 강력하게 억제하고 멀미를 예방하고 혈액의 점도를 낮추며, 혈중 콜레스테롤 수치를 낮추고 암을 예방
토란	– 뱃속의 열을 내리고 위와 장의 운동을 원활히 해주는 식품 – 알칼리성 식품이며 변비를 치료 예방해주는 완화제

(5) 화채류

꽃을 이용하는 채소로서 채소 중에서 비타민 C가 가장 풍부한 것 중의 하나이다.

브로콜리, 콜리플라워 등이 화채류에 속한다.

브로콜리	- 비타민 A, C, B 등이 풍부, 비타민 A의 경우 피부나 점막의 저항력을 강화시켜 감기 등의 세균 감염을 막는 역할 - 비타민 C, 베타카로틴 등 항산화 물질이 풍부, 베타카로틴은 비타민 A의 생성 전 단계 물질로 항산화 작용을 가지고 있는 미량 영양소, 항산화 물질은 우리 몸에 쌓인 유해산소를 없애 노화와 암, 심장병 등 성인병을 예방 - 다량의 칼슘과 비타민 C가 골다공증 예방에 도움
콜리플라워	- 물 92%, 탄수화물 5%, 단백질 2%와 소량의 지방으로 이루어져 있다. 비타민 C가 굉장히 풍부하고 비타민 B, 비타민 K가 매우 풍부하여 면역력 강화, 피로회복, 식이섬유가 풍부하여 변비 개선, 칼로리가 낮고 포만감이 높아 다이어트 도움 - 암세포 증식을 억제하는 피토케미컬 성분이 함유되어 항암효과, 헬리코박터 파일로리 균의 활성 억제로 위궤양 및 위암예방 도움

(6) 종채류

씨앗을 이용하는 채소로서 옥수수, 콩, 팥 등이 종채류에 속한다.

옥수수	- 체력 증강, 신장병 치료 작용(비타민 A, B, E가 함유되어 있으며, 그중에서도 비타민 E가 풍부하여 체력증강에 도움) 및 정장, 변비, 소화불량 개선(다른 곡물보다 2~3배의 섬유질을 함유)에 도움을 주며, 항암 작용(프로티즈 인히비터가 고농도로 함유되어 있음), 충치 개선작용 - 옥수수 수염은 혈당강하 작용, 이당작용, 고혈압 및 피로회복에 효능
콩	- 단백질 식품이면서 알칼리성 - 콩의 지방은 50%가 리놀산이므로 씻어내어 혈관벽을 튼튼하게 하며 사포닌(인삼의 주효능)과 비타민 E(토코페롤)가 콜레스테롤을 0.1~0.2%가 있어 노화방지에 효과 - 레시틴이라는 물질이 머리의 회전을 원활하게 할 뿐 아니라 아세틸콜린 부족으로 생기는 치매를 예방하며, 성장기 어린이 뇌세포를 분화시키고 필요한 신경정보가 원활하게 전달되게 함 - 콩의 섭취는 체지방으로 축적되는 에너지를 줄여주기 때문에 성인병 예방에 반드시 필요한 식품, 콩 속에 들어 있는 트립신 저해제가 인슐린의 분비를 촉진하고 섬유소가 혈당치의 급격한 상승을 억제하기 때문에 당뇨성 질환에 효과 - 단백질 가수분해효소 저해인자(Protease inhibitor) 피트산, 화이토스테롤, 사포닌, 이소플라본 등의 다섯 가지 항암물질 - 콩나물에 있는 아스파라긴이 독성이 강한 알코올의 대사 산화물을 제거함으로써 숙취에 좋음
팥	- 사포닌 성분은 이뇨작용, 체내 지방을 분해하여, 에너지로 바꿔주는 비타민 B_1도 풍부 - 녹말 등의 탄수화물이 약 50% 함유되어 있으며, 그 밖에 단백질이 약 20% 함유 - 신장병, 당뇨병 효과

3) Vegetable의 조리 방법

(1) 감자

Potato Allumette	성냥개비 모양으로 잘라 Deep fat Fry한 다음 소금으로 간을 함
Potato Anglaise	모양은 대개 Oval 형태이며, 삶거나 찜으로 해서 익혀 버터를 첨가하여 소금으로 간을 함
Potato Anna	감자를 원통으로 다듬어 얇게(2~3mm) Slice하여 원형으로 형틀(Mould)이나 팬에 겹으로 쌓고 소금, 후추, 버터를 뿌린 후 오븐에서 익힘
Potatoes Baked	감자를 씻어 물기를 제거한 후 쿠킹호일에 싸고, 팬에 소금을 깔고 감자를 위에 놓고 오븐에 구운 다음 十 로 잘라서 가운데에 버터와 사워크림 다진 베이컨 Chive, 소금, 후추 등을 올림
Potato Berny	감자를 통째로 익혀 껍질을 제거한 다음 으깨어 Egg Yolk, Salt, Pepper를 첨가하여 반죽(Dough) 상태로 만들어 살구 모양으로 하여 달걀에 적신 다음 Almond에 묻혀 Deep Fat Fry함. Game 요리에 많이 사용
Potato Boulangere	Roast Lamb에 사용되는 것으로 감자를 Slice하여 고기와 함께 Oven에 구움
Potato Bretonne	Garlic Chop, Onion Chop을 Saute한다. Dice로 자른 감자를 Pan에 Saute한 다음 Consomme를 첨가하여 익히고 Onion, Garlic Chop과 Diced Tomatoes를 넣고 마무리
Potato Chateau	Chateau 형태로 감자를 다듬어 Boil 또는 Saute
Potato Chips	얇게(1mm) Slice하여 Deep Fat Fry
Potato Croquette	감자를 삶아서 껍질을 제거하여 Egg Yolk, Salt, Pepper, Nutmag을 넣어 반죽(Dough) 형태로 만든 다음 길이 4cm 지름 1.5cm 정도로 길쭉하게 다듬어 밀가루, 달걀에 적시고 빵가루를 묻혀 Deep Fat Fry
Potato Dauphine	Pomme Croquette에 Pate a Chou를 첨가하여 코르크 마개 모양으로 다듬어 Deep Fat Fry
Potato Gratin a la Dauphinoise	감자의 껍질을 벗긴 다음 2mm 정도 두께로 Slice하여 Cream을 넣고 익혀 Gruyere Cheese를 위해 뿌려 갈색으로 색깔을 낸 다음 제공 일명 Cream Potatoes라 함

Potato Duchesse	Pomme Croquette와 같이 반죽(Dough)을 만든 다음 Pastry Bag으로 모양으로 내어 버터를 바르고 오븐에 구움
Potato Facie	껍질을 벗겨 속을 파낸 다음 Farcemeat를 채워 Oven에 구움
Potato Fondante	Pomme Nature 형태로 다듬어 Pan에 Stock과 Butter를 넣고 Oven에 익힘
Potato Four	감자를 통째로 Oven에 익힘
Potato Frites	French Fried Potatoes와 동일
Potato Lyonnaise	감자를 둥근 막대형으로 다듬어 Slice한 다음 Onion Slice와 함께 Pan에 볶아 제공
Potato Maitre d'hotel	Cream Potatoes에 Parsley Chop을 첨가
Potato Noisette	감자를 지름이 3cm 정도의 둥근 모양으로 썰어서 기름에 튀기거나 소테
Potato Normande	감자의 껍질을 제거하고 얇게 Slice한 다음 Onion. Leek(White) Slice와 함께 Pan에 볶고 Milk와 Flour를 첨가하여 Gratin
Potato Paille	Large Julienne으로 썰어 Deep Fat Fry
Potato Parisienne	Noisette보다 약간 크게 Boil 또는 Saute
Potato Parmentier	1/2 Cube Size로 다듬어 조리
Potato Persillee	Boil Potato로 Parsley Chop을 뿌려 줌
Potato Pont-Neuf	감자를 가로세로 1.5~2cm, 길이 6cm로 썰어서 삶아낸 다음 기름에 튀김
Potato Provencale	감자를 둥근 막대 모양으로 잘라 얇게(2mm) 썰어 Butter로 garic chop을 Saute하다가 감자를 넣고 Saute
Potato Rosette	Potato Puree를 만들어 장미꽃 모양을 낸 것
Potato Hungrarian style(Hongroise)	살짝 튀겨 Bacon과 다진 양파를 넣은 입방체로 썰어 강한 불에 살짝 익히고 스톡으로 글레이즈 하여 껍질 벗겨 씨 빼고 다진 토마토, 파프리카와 섞어 부드러워질 때까지 삶아 냄
Potato old fashioned	더치스(Duchess) 감자 같이 반죽해서 Patty를 만들어 밀가루 묻혀 버터에 튀김
Potatoes Savoy	감자를 얇게 잘라서 스톡이나 콘소메와 치즈를 뿌려 오븐에 구워냄

3. Sauce Part

1) Sauce의 개요

소스의 어원은 라틴어의 'sal'에서 유래하였으며 소금을 의미한다. 과거에는 음식에 소금만 뿌려 먹었으며 냉장시설이 갖추어지지 않았던 시대에 쉽게 변질되는 음식의 맛을 감추기 위해 향이 강한 향신재료로 만들어낸 것이라 한다. 현재에는 거의 모든 요리에 사용되며 요리의 맛과 음식을 돋보이게 하는 하고 수분을 보충하는 중요한 역할을 수행한다. 요리에 부드러움, 촉촉함, 향, 영양, 풍미, 시각적인 효과 등으로 서양요리에서 빼놓을 수 없는 요리 중의 하나이다.

소스는 요리에 풍미를 더해 주고 소화작용을 도와주는 윤활유 역할을 하며, 요리의 맛과 형태, 그리고 수분을 보충하는 등 그 역할은 다양하다. 요즈음은 소스로 페인팅하여 장식으로 사용되기도 한다.

소스는 서양요리에서 맛과 색상을 부여하여 식욕을 증진시키고, 재료의 첨가로 영양가를 높이며 음식이 요리되는 동안 재료들이 서로 결합되게 하는 역할을 한다.

소스는 메인 요리와 조화가 매우 중요하다고 할 수 있는데 소스가 요리의 맛을 압도하는 향신료 향이 나면 안 되고 소스의 농도가 너무 묽게 되면 원래 요리의 맛에 첨가되는 의미가 없을 수 있다. 소스 농도의 기본은 크림 농도가 좋고 소스의 색은 윤기가 나야 하며 덩어리지는 것 없이 주르르 흐르는 정도가 좋다. 일반적으로 단순한 요리에는 단순한 소스 사용이 원칙이며 색이 안 좋은 요리에는 화려한 소스, 싱거운 요리에는 강한 소스, 퍽퍽한 요리에는 수분이 많고 부드러운 소스의 사용으로 소스와 요리의 조화가 매우 중요하다.

2) Sauce의 구성요소

소스의 종류가 매우 다양하기 때문에 구성요소 역시 다양하다. 일반적으로 Stock(스톡), Thickening(농후제), Wine(와인), Bouquet Garni(부케가르니, 향신료 다발)나 Sachet dÉpice(샤세 데피스, 향신료 주머니)등으로 구성할 수 있다.

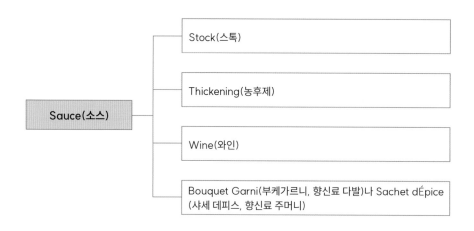

(1) Stock(스톡)

소스의 맛을 결정하는 매우 중요한 역할을 하며 일반적으로 육류, 가금류나 생선의 뼈와 미르포아, 향신료가 첨가되는 국물요리라 할 수 있다. 기본적인 스톡보다 더 진하게 농축하여 사용하면 소스의 맛과 풍미에 영향을 줄 수 있다.

(2) Thickening(농후제)

소스의 Thickening(농후제)는 수프의 농후제와는 다르게 일반적으로 전분이나 버터 몬테의 방법을 많이 사용된다. 모체소스의 경우 루가 많이 사용되나 파생소스는 농도를 맞추기 쉬운 전분이나 버터 몬테를 사용한다. 소스의 종류와 특성에 따라 맞는 Thickening(농후제)를 사용해야 풍미가 좋은 소스를 생산할 수 있다.

(3) Wine(와인)

소스에는 다양한 와인이 사용된다. 와인의 종류에는 여러 가지가 있으나 조리에 사용되는 와인으로는 레드와인, 화이트와인, 쉐리와인, 포트와인, 로즈와인 등이 있다. 특히 브라운 계열의 소스에는 레드와인과 포트와인 등이 사용되며 화이트 소스 계열에는 쉐리와인이나 화이트와인이 사용된다. 와인의 신맛을 잘 제거해 주어야 소스에 신맛이 나지 않는다.

(4) Bouquet Garni(부케가르니, 향신료 다발)나 Sachet dÉpice(샤세 데피스, 향신료 주머니)

소스에 향을 내기 위하여 사용하는 것으로 Herbs(Thyme, Bay Leaves, Parsley, Rosemary)와 채소(Leek, Celery) 등을 바로 실로 묶거나 면포에 넣고 묶어 사용한다. 소스에 따라 사용되는 향신료와 채소가 다르다.

3) Sauce의 농후제

(1) 루(Roux)

루란 팬에 열을 가하여 버터를 녹여 동량의 밀가루를 천천히 볶아 놓은 것을 말한다. 밀가루는 잘 볶아야 고소한 향미가 나며 약한 불에서 천천히 볶아야 생 밀가루 냄새가 나지 않는다. 버터가 많을수록 볶기가 쉽고 밀가루가 많으면 볶기도 어렵고 시간도 오래 걸린다. 일반적으로 100g의 루를 만드는 데는 버터 50g, 밀가루 50g이 적당한데 요리에 따라 다를 수 있다. 루는 일반적으로 화이트 루, 브론드 루, 브라운 루로 구분할 수 있으나 경우에 따라서는 아래의 그림과 같이 5단계로 구분할 수 있다.

Roux(루)

(2) 달걀 리에종 (Egg liaison)

달걀 리에종(Egg liaison)은 달걀노른자에 우유나 크림, 육수를 잘 섞어 끓는 소스에 넣어 거품기로 재빠르게 섞어 주어야 한다. 노른자의 비린내를 없앨 정도의 불에서 끓여야 한다. 불을 약하게 하거나 끄고 나서 해야 실패할 확률이 적다.

많은 소스의 경우에 첨가할 경우 한 컵 정도의 소스에 달걀노른자에 크림을 섞은 것을 풀어서 다시 다량의 소스에 섞는 방법이 이상적이다. 마무리한 소스를 다시 끓이면 소스의 맛이 변하기 때문에 사용할 양만큼만 리에종을 섞어 사용하는 것이 좋다.

(3) 버터 몬테(Butter Monte)

버터 몬테(Butter Monte)는 소스의 마무리 단계에서 차가운 버터를 넣어 굳으면서 농도를 조절하는 것이다. 차가운 버터를 소스에 넣으면서 저어 주어야 하는데 고소한 맛을 첨가하면서 농도를 맞춰 준다. 주의할 점은 소스를 요리에 붓기 바로 직전에 불을 끈 상태에서 버터를 넣어야 한다.

소스에 고소한 맛을 내며 윤기가 흐르고 농도를 맞추는 세 가지 효과가 있기 때문에 많이 사용하는 농후제 중의 하나이다.

(4) 뵈르 마니에(beurre manie)

뵈르 마니에(beurre manie)는 부드럽고 말랑말랑한 버터에 동량의 밀가루를 반죽하여 소스에 섞어 완전히 녹을 때까지 저어 준다. 장기간 보관하는데 좋고 맛이 다른 농후제보다 좋다.

(5) 프리나쇠스 리에종(farinaceous liaison)

프리나쇠스 리에종(farinaceous liaison)은 전분 성분이 있는 재료에 찬물을 1:1의 비율로 섞어 소스의 마무리에 첨가하는 것이다. 갈분(arrow root), 옥수수 전분(cornstarch), 감자전분(Potato starch), 전분 성분이 있는 재료 등을 이용하여 소스의 농도를 진하게 하는 데 사용된다. 너무 끓으면 전분이 덩어리가 생길 수 있으므로 은근한 불로 끄기 전에 섞어 저어 주면서 사용한다. 소스에서 농도는 맛과 마찬가지로 중요하다. 최근에 요리 마무리를 가볍게 하는 것이 강조되고 많은 밀가루를 사용한 전통적인 농도의 소스가 무겁다는 이유로 꺼리게 되는 반면 생크림을 졸이거나 소스 자체를 충분히 졸여 되직한 농도보다는 걸쭉한 농도를 유지하며 담백하고 가볍게 마무리하여 먹기 쉽고 싫증나지 않도록 현대인의 입에 맞는 소스 농도를 조절하고 있다. 전분 성분에 따라 호화 속도에 차이가 있기 때문에 주의하여 사용해야 한다.

4) Sauce의 분류

소스의 분류는 기본적으로 색깔로 구분하여 Demi glace, Bechamel, Veloute, Tomato, Hollandaise, 등 5가지 모체소스와 Special sauce로 나뉜다.

| Demi Glace(갈색)(모체소스) | 갈색 육수를 주재료로 만든 소스인데 데미 글라스, 에스파뇰, 브라운 소스, 폰드보 등을 모체로 사용 육류 가금류요리에 사용 |

파생소스: Bordelaise Bordeaux, Caper, Chauteaubriand, Bigarade, Port, Financier, Zingara, Gastronome, Truffle, Herb, Champignons, Poivarade, Tarragon, Duxelles, Hunter, Italian, Maderia, Pepper, Diane, Colbert, Marrow, Wine Merchant

| Bechamel(흰색)(모체소스) | 흰색 루에 우유를 주재료로 한 흰색 소스
생선, 해산물, 라비올리, 채소요리에 사용 |

파생소스: Cardinal, Mornay, Cream, Leek, Mustard, Horseradish Raifort, Nantua, Chantilly, Aurora, Soubise, Anchovy, Bercy, Caper, Chaud-froid, Diplomat, Fines Herbs, Lobster, Normandy, Oyster, Riche, Shrimp, Victoria

| Veloute(블론드색)(모체소스) | 블론드 루에 흰 육수를 첨가하여 만든 소스
생선요리, 가금류 요리에 사용 |

파생소스: Allenmande, Supreme, Albufera, Aurora, Dill, Normande, Curry, Ivoire, Hungarian Toulouse, Poulette, Villeroi, Chive, Horseradish

| Tomato(적색)(모체소스) | 토마토를 주재료로한 소스로서 이탈리아 요리에 많이 이용
파스타, 육류, 가금류요리에 사용 |

파생소스: Creole, Spanish, Milanese, Byron, Italienne, Portugese

| Hollandaise (노란색)(모체소스) | 노른자와 기름을 주재료로 한 소스
생선, 더운 채소, 육류요리에 사용 |

파생소스: Choron, Bearnaise, Magenta, Mousseline, Maltais, Palois, Rachel

5) Sauce의 생산 과정

풍미가 좋은 소스를 생산하기 위해서는 진하게 농축된 좋은 스톡이 준비되어야 하며 소스의 특성에 맞게 농도를 조절할 수 있는 농후제를 준비하여야 한다. 모체소스를 잘 활용하여 다양한 소스를 생산할 수 있다. 바로 사용하지 않을 경우 재빨리 냉각시켜 보관하여야 한다.

소스는 매우 다양하기 때문에 생산과정 역시 다양하지만 가장 많이 사용되는 일반적인 소스의 생산과정은 다음과 같다.

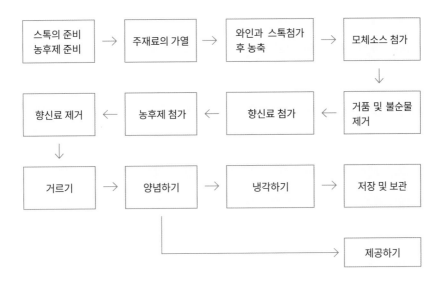

(1) 스톡과 농후제 준비

소스의 종류에 따라 선택하여 스톡과 농후제를 준비한다.

일반적으로 스톡으로는 닭 육수를 가장 많이 사용하며 농축된 정도가 좋을수록 소스의 맛과 풍미에 영향을 미친다. 농후제는 일반적으로 루, 전분, 버터를 많이 사용한다.

(2) 주재료의 가열

주재료를 작게 잘라 팬에 열을 가하여 타지 않게 잘 볶아야 재료의 풍미가 우러나올 수 있다. 버터를 사용할 경우 발열점이 낮기 때문에 타지 않게 주의한다.

(3) 와인과 스톡 첨가

재료가 잘 볶이면 와인을 첨가하여 농축하여 신맛을 제거한 후 스톡을 첨가한다. 너무 빨리 넣을 경우 재료의 맛이 우러나지 않아 완성된 소스에 영향을 줄 수 있기 때문에 스톡을 넣는 시점이 매우 중요하다.

(4) 모체소스 첨가

5가지 모체소스 중 음식의 특성에 맞게 선택하여 모체소스를 첨가한다.

(5) 거품제거(Skimming)

소스의 깔끔한 맛을 위해서 거품을 제거하며 처음에 센 불로 시작하여 끓이다 보면 거품과 불순물이 가운데로 모이게 된다. 이때 발생하는 거품과 지방, 기타 불순물을 완전히 제거하여야 하며 전 조리 과정에서 발생하는 거품과 기타 불순물은 수시로 제거하여야 맑고 깨끗한 소스를 얻을 수 있다.

(6) 향신료 첨가하기

Bouquet Garni(부케가르니, 향신료 다발)나 Sachet dÉpice(샤세 데피스, 향신료 주머니)를 첨가함으로써 소스에 향기를 부여할 수 있다. 조리과정 처음부터 넣고 끓일 경우 수프에 쓴맛이 날 수 있으므로 조리가 완성되기 15분에서 20분 전에 향신료를 첨가한다.

(7) 농후제 첨가

소스의 형태를 유지하는 데 매우 중요한 역할을 하기 때문에 용도에 맞는 농후제를 사용하여야 한다.

(8) 향신료 제거

향신료를 오랫동안 끓일 경우 쓴맛이 나기 때문에 소스의 생산과정에서는 약 10~20분간 사용한다.

(9) 걸러내기

체나 면포로 기름띠와 기타 불순물을 걸러낸다.

(10) 양념하기

소금과 후추의 양념이 덩어리지지 않도록 잘 섞어 주어야 하며 특히 소금 간에 유의하여야 한다.

(11) 냉각하기

소스를 바로 사용하지 않을 경우 좁고 깊은 용기에 나누어 담고 차가운 얼음 물에 냉각시킨다. 완전히 식으면 고체 덩어리가 되어 있는 기름기를 걷어 내어 준다.

(12) 저장 및 보관

완성되어 냉각된 소스는 적당한 용기에 담거나 진공 포장하여 냉장고에 보관하는 것이 원칙이나 냉동고 보관도 가능하다. 냉동할 경우 해동하기 쉽도록 얇게 진공 포장하여 보관하는 것이 사용에 편리하다.

제2장　**Main Dish의
조리기구**

1. 칼

1) 칼의 구조(The Parts of a Knife)

① 칼날(Blade)

고탄가 스테인리스 스틸은 카본(Carbon)과 스테인리스 스틸(Stainless steel)의 장점을 결합해서 비교적 최근에 개발되어 사용한다.

카본의 비율이 높으면 칼날을 보다 예리하게 할 수 있고, 스테인리스 스틸의 비율이 높으면 칼의 변색과 부식을 방지할 수 있다.

② 칼끝(Tip)

칼 끝부분으로 형태에 따라 크게 High Tip, Center Tip, Low Tip 등 3가지로 구분할 수 있다. High Tip은 칼날이 위쪽으로 곡선 처리된 칼로 뼈를 발라내거나 칼을 자유롭게 움직이며 사용할 수 있다. Center Tip은 칼날과 칼등의 끝이 중앙에 만나는 것으로 서양식 칼로 많이 이용되며 자르기가 힘이 적게 들고 편하다. Low Tip은 칼등이 칼날의 밑으로 향해 곡선 처리된 칼로 부드럽고 똑바로 잘라져 채썰기 등 동양권 요리에 적당하다.

③ 탱(Tang)

칼날이 이어져 손잡이 속까지 뻗쳐진 부분이다.

④ 손잡이(Hand)

고기를 손질하는 주방에서는 플라스틱류를 사용하나 장미나무 재질로 사용하는 것이 미끄럽지 않고 단단하여 많이 사용한다. 최근에는 손잡이를 고기류는 빨간색, 생선류는 회색, 채소는 녹색, 즉석식품은 흰색으로 만들어 사용한다.

⑤ 칼 받침대(Bolster)

칼과 자루가 만나는 부위에 칼 받침이 있다. 최근 칼은 이 부분이 없는 경우도 있다.

2) 칼의 종류

French / Chef's Knife(프렌치 칼)
일반적으로 많이 사용하고 있는 칼

Utility Knife(다용도 칼)
다목적 칼로 무게가 가벼워 여성 요리사들이 즐겨 사용

Boning Knife(뼈 칼)
육류손질 시 뼈와 살을 분리하기 위한 칼

Paring Knife(페링 칼)
짧고 작은 칼로서 미세한 절단할 때 사용, 과일 씨를 제거, 채소 손질

Cleaver Knife(도끼 칼)

칼 두께가 두꺼우며 무거움, 닭, 오리, 생선 뼈를 토막 낼 때 사용

Carving Knife(카빙 칼)

햄이나 두꺼운 육류를 얇게 썰기 위한 목적의 칼

Butcher Knife(부처 칼)

부처에서 생고기를 자를 때 많이 사용하므로 부처 나이프라고함

Oyster / Clam Knife(굴 칼)

굴이나 조개류의 껍질을 쉽게 열기 위한 칼

Bread Knife(빵 칼)

빵을 썰기 위한 칼로서 날카롭지만 톱날처럼 물결치는 칼날

Fish Knife(생선 칼)

생선살을 부스러지지 않도록 썰기 위한 칼

Cheese Knife(치즈 칼)

치즈를 절단하기 위한 칼

Decorating knife(모양 칼)

칼날이 파도 모양으로 굴곡이 있고, 재료를 썰었을 때 작은 주름이 생겨나도록 설계된 칼

Grapefruits Knife(자몽 칼)

웨지 모양을 내서 먹기 편리하게 작업할 수 있는 자몽 전용 칼

Sharpening steel(칼갈이 봉)

칼날을 날카롭게 하기 위한 쇠봉

Ball Cutter /Parisian knife(볼커터)

감자나 당근, 과일 등을 둥글게 잘라 낼 때 사용

Vegetable peeler(필러)

채소의 껍질을 벗길 때 사용

Zester(제스터)

귤, 레몬, 오렌지, 라임 등의 껍질을 벗겨 요리의 재료로 사용

Whetstone(숫돌)

칼날을 날카롭게 하기 위한 돌의 일종으로 입자의 크기에 따라서 크게 3가지로 구분

Ham slicer(햄 슬라이서)

햄을 얇게 썰 때 사용

Tomato knife(토마토 칼)

토마토를 썰 때 사용

Meat/Kitchen fork(고기 포크)

뜨겁거나 덩어리 고기를 썰 때 사용

Narrow slicer(좁은 칼)

작고 정교하게 썰 때 사용

Peeling knife(필링 나이프)

채소를 둥글게 곡선을 깎을 때 사용

Salami knife(살라미 칼)

살라미를 썰 때 사용

Salmon slicer(연어 칼)

연어를 얇게 썰 때 사용

Sandwich knife(샌드위치 칼)

샌드위치를 썰 때 사용

Sausage knife(소시지 칼)

소시지를 썰 때 사용

Steak knife(스테이크 칼)

스테이크를 자를 때 사용

　숫돌을 사용할 때는 사용하기 전에 물에 잠길 정도로 담아두어 물기를 충분히 흡수한 다음 칼날 전체가 숫돌 면에 골고루 닿을 수 있도록 하고 안정된 자세에서 같은 행위를 반복한다. 숫돌 역시 필요 이상으로 많이 사용하면 칼날의 조기 마모를 가져오므로 숫돌과 쇠칼갈이 봉을 효율적으로 병행 사용하는 것이 좋다.

2. 소도구

1) 소도구의 개요

　소도구는 요리를 만들어내기 위해서 사용되는 중요한 기구이다. 조리를 효율적으로 하는데 그 역할이 크다 할 수 있다. 소도구는 칼이나 기계로 할 수 없는 부분에 효과적으로 사용되어 조리 시간을 단축할 수 있다. 다양한 소도구들이 개발되어 조리 과정에 도움을 주고 있다. 위생적으로 관리되어져야 하나 그렇지 못한 경우가 대부분이다. 소도구

들의 편리함만을 추구하기 때문이라 할 수 있다. 다양한 소도구의 적적한 활용은 조리과정을 단축시킬 뿐만 아니라 창의적인 요리가 생산될 수 있다.

2) 소도구의 종류

Straight Spatula(스파츌라)

크림을 바르거나 음식을 들어 옮길 때 사용

Garlic Press(가릭 프레스)

마늘을 으깰 때 사용

Meat Saw(육류 톱)

뼈나 단단한 고기를 자를 때 사용

Grill Spatula(그릴 스파츌라)

그릴에서 뒤집거나 옮길 때 사용

Roll cutter(반죽 칼)

반죽을 자를 때 사용

Channel Knife(샤넬 나이프)

채소에 홈을 팔 때 사용

Cheese Scraper(치즈 스크레퍼)

치즈를 긁을 때 사용

Butter Scraper(버터 스크레퍼)

버터를 긁을 때 사용

Whisk/Egg Batter(휘퍼)

재료를 거품을 내거나 휘저을 때 사용

Meat Tenderizer(고기 망치)

고기를 두드려 연하게 하거나 모양을 잡을 때 사용

Can Opener(캔 오프너)

캔을 딸 때 사용

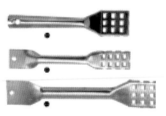

Fish Scaler(비늘 제거기)

생선의 비늘을 제거할 때 사용

Egg Slicer(달걀 절단기)

달걀을 일정한 간격으로 자를 때 사용

Chinois(시노와)

스톡, 소스, 수프를 거를 때 사용

China Cap(차이나 캡)

채소나, 수프를 거를 때 사용

Colander(코랜더)

채소 등의 물기를 거를 때 사용

Skimmer(스키머)

스톡, 수프, 소스의 거품을 제거할 때 사용

Soled / Long Spoon(롱 스푼)

조리 시 사용하는 길고 큰 스푼

Slotted Spoon(슬로티드 스푼)

건더기와 국물 분리시 사용

Laddle(국자)

스톡, 수프, 소스 등을 뜰 때 사용

Sauce Laddle(소스 국자)

소스를 요리에 뿌릴 때 사용

Rubber Spatula(고무주걱)

고무주걱으로 음식을 긁어 모을 때 사용

Wooden Paddle(나무주걱)

나무주걱으로 음식을 저을 때 사용

Pepper mill(페퍼 밀)

통 후추를 담아 거칠게 으깰 때 사용

Grill Tong(그릴 집게)

그릴에서 뜨거운 음식을 집을 때 사용

Sheet Pan(쉬트 팬)

음식을 담거나 오븐에 넣어 구울 때 사용

Box Grater(박스 그래터)

치즈나 채소를 갈 때 사용

Hotel Pan(호텔 팬)

음식을 담아 보관할 때 사용

Measuring cup(계량컵)

음식의 부피를 계량할 때 사용

Measuring Spoon(계량스푼)

음식의 부피를 계량할 때 사용

Thermometer(온도계)

음식의 온도를 측정할 때 사용

Scale(저울)

음식의 무게를 측정할 때 사용

Sauce Pan(소스 팬)

소스를 끓일 때 사용하는 팬

Saute Pan(소테 팬)

음식을 볶을 때 사용하는 팬

Soup Pot(숩 팟)

수프를 끓일 때 사용하는 냄비

Braising Pan(브래징 팬)

질긴 고기를 채소, 소스와 함께 뚜껑을 덮고 끓일 때 사용

3. 조리장비

Gas Range(가스레인지)

가스를 이용하여 조리할 수 있는 열원

Salamander(살라만더)

불꽃이 위에서 내려오는 열기기로 Gratin 요리에 많이 사용

Griddle(그리들)

철판으로 육류, 가금류, 생선, 달걀을 요리할 때 사용

Grill(그릴)

무쇠로 만들어진 석쇠로 육류, 생선 가금류 등을 직접 구울 때 사용

Broiler(브로일러)

열원이 위에 있고 육류, 생선, 가금류 등을 직접 구울 때 사용

Convection Oven(컨벡션 오븐)

전기를 이용해 뜨거운 바람의 대류작용을 이용하여 조리함

Rice Cooker(밥솥)

가스를 이용하여 자동으로 밥을 만드는 기계

Combi Steamer(콤비 스티머)

증기와 오븐을 동시에 사용하며 여러 가지 매뉴얼 기능을 보유

Steam Kettle(스팀 캐틀)

증기를 이용하여 많은 양의 음식을 볶거나 끓이거나 삶을 수 있음

Saw Machine(톱 절단기)

언 고기나 뼈를 전기의 톱을 이용하여 절단

Vegetable Cutter(채소 절단기)

채소를 다양한 모양으로 자를 수 있음

Slicer(슬라이서)

육류, 생선, 채소 등을 일정한 크기로 얇게 썰 수 있음

Meat Mincer(민찌기)

고기를 거칠게 갈 때 사용

Food Chopper(푸드 챱퍼)

재료를 곱게 다질 때 사용

Flour Mixer(밀가루 반죽기)

밀가루를 섞어 반죽하거나 드레싱을 만들 때 사용

Pastry Roller(패스트리 롤러)

반죽을 일정한 크기로 얇게 밀 때 사용

Waffle Machine(와플 머신)

와플을 만들 때 사용

Toster(토스터기)

빵을 토스트 할 때 사용

Deep Fryer(튀김기)

튀길 때 사용

Food warmer(푸드 워머)

음식을 보온할 때 사용

Tilting Skillet(틸팅 스킬렛)

두꺼운 철판으로 볶음, 튀김, 삶기가 가능함

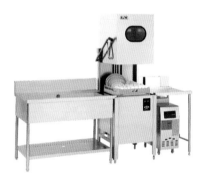

Dish Washer(디시워셔)

접시를 자동으로 세척해줌

Refrigerator & Freezer(냉장 냉동고)

음식의 보관용도로 냉장, 냉동으로 사용

Topping Cold Table(토핑 테이블)

테이블 위에 재료를 담을 수 있게 만듦, 피자, 샐러드 등
의 재료 사용

제3장 # Main Dish의 조리방법

1. 조리방법의 분류

건식열 조리방법(Dry-heat cooking methods)

방법(Method)	매체(Media)	조리기구(Equipment)
석쇠구이(Broiling)	공기(Air)	석쇠(Ovenheat broiler, Salamader, Rotisserie)
그릴구이(Griling)	공기(Air)	그릴(Gill)
로스팅(Roasting)	공기(Air)	오븐(Oven)
베이킹(Baking)	공기(Air)	오븐(Oven)
소테(Sauteing)	기름(Fat)	스토브(Stove)
팬 프라잉(Pan Frying)	기름(Fat)	스토브(Stove)
튀김(Deep Fat Frying)	기름(Fat)	튀김기(Deep-fryer)

습식열 조리방법(Moist-heat cooking method)

방법(Method)	매체(Media)	조리기구(Equipment)
삶기(Poaching)	물 또는 다른 액체(Water or liquid)	스토브, 스팀솥(Stove, steamkettle)
끓이기(Boiling simmering)	물 또는 다른 액체(Water or liquid)	스토브, 스팀솥(Stove, steamkettle)
찜기(Steaming)	수증기(Steam)	스토브, 스티머(Stove, steamer)

복합 조리방법(Combination cooking methods)

방법(Method)	매체(Media)	조리기구(Equipment)
브레이징(Braising)	기름과 액체	스토브, 오븐, 스킬렛(Stove, oven, skillet)
스튜(Stewing)	기름과 액체	조리용 난로 오븐, 스킬렛(Stove, oven, skillet)

1) 건열식 조리방법

(1) Broilling(석쇠구이)

열원이 위에 있어 불 밑에서 음식을 넣어 익히는 방법으로 Over Heat 방식이다. 예열되지 않은 석쇠에 재료를 올리면 붙어 재료에 손상을 입힐 수 있으며 석쇠의 온도에 주의해야 한다.

(2) Grilling(Griller, 석쇠구이)

열원이 아래에 있으며 직접 불로 굽는 방법으로 Under Heat 방식이다. 석쇠의 온도 조절이 용이하며 줄무늬가 나도록 구울 수 있고 숯을 사용할 때에는 훈연의 향을 느낄 수 있어 음식 특유의 맛을 낸다. 예열되지 않은 석쇠에 재료를 올리면 붙어 재료에 손상을 입힐 수 있으며 석쇠의 온도에 주의해야 한다.

(3) Roasting(Rôtir, 로스팅)

육류 또는 가금류 등을 통째로 오븐에서 굽는 방법으로 향신료를 뿌리거나 표면이 마르지 않도록 버터나 기름을 발라주며 150~250℃에서 굽는다. 처음에는 높은 온도에 시작하여 낮은 온도로 익히며 저온에서 장시간 구운 것일수록 연하고 육즙의 손실이 없으므로 맛이 좋다.

(4) Baking (Cuire Au Four, 굽기)

오븐에서 건조열의 대류현상을 이용하여 굽는 방법으로 빵, 타르트, 파이, 케이크 등 제과에서 많이 사용한다. 감자요리, 파스타, 생선, 햄 등을 요리할 때에도 사용한다.

(5) Sauteing(Saute, 소테)

소테 팬이나 프라이팬에 소량의 기름을 넣고 160~240℃에서 살짝 빨리 조리하는 방법으로 조리 시 제일 많이 사용하는 방법 중 하나이다. 영양소의 파괴를 최소화하고 육즙의 유출을 방지할 수 있다.

(6) Frying (Frire, 튀김)

기름에 음식을 튀겨내는 방법으로 수분과 단맛의 유출을 막고 영양분의 손실이 적어진다.

Deep Fat Frying은 140~190℃의 온도에서 많은 기름에 튀겨내는 방법으로 반죽을 입혀 튀기는 Swimming 방법과 Basket 방법이 있다. Pan Friying(Shallow Frying)은 170~200℃의 온도에서 적은 기름에 튀겨내는 방법으로 채소는 141~151℃, 커틀릿은 125~135℃의 온도에서 튀긴다.

(7) Gratinating(Gratiner, 그라팅)

요리할 재료 위에 Butter, Cheese, Cream, Sauce, Crust, Sugar 등을 올려 Salamander, Broiler 또는 오븐 등에서 열을 가해 색깔을 내는 데 주로 사용하는 방법으로 감자, 채소, 생선, 파스타 요리 등에 사용한다.

(8) Searing(시어링)

강한 불에서 빨리 음식의 겉만 누렇게 지지는 방법이다.

2) 습열식 조리방법

(1) Poaching(Pocher, 포칭)

비등점 이하(65~92℃) 온도의 물이나 액체(육수, 와인) 등에 달걀이나 생선을 잠깐 넣어 익히는 것으로 단백질의 유실을 방지하고 건조해지거나 딱딱해지는 것을 방지할 수 있다. Shallow Poaching(샬로 포칭)은 생선이나 가금류 밑에 다진 양파나 샬롯을 깔고 물이나 액체(육수, 와인) 등을 내용물의 1/2로 넣어 조리하는 방법이다. Submerge Poaching(서브머지 포칭)은 비등점 이하(65~92℃) 온도의 많은 양의 스톡에 달걀, 가금류, 해산물 등을 넣고 서서히 익히는 방법이다.

(2) Boiling(Cuire, Bouillir, 삶기, 끓이기)

물, 육수 등 액체에 식품을 끓이거나 삶는 방법으로 생선과 채소는 국물을 적게 넣고 끓이며 건조한 것은 국물의 양을 많이 한다. 감자나 육수를 얻기 위한 육류의 경우는 찬물에서 시작해서 끓이며 스파게티나 국수 등은 끓는 물에 시작해서 끓인다.

(3) Simmering(Bouillir, 시머링)

끓이지 않고 식지 않을 정도의 약한 불에서 조리하는 것으로 Sauce나 Stock을 끓일 때 사용한다.

(4) Steaming(Cuire a vapeur, 증기찜)

수증기의 대류작용을 이용하여 조리하는 방법으로 생선, 갑각류, 육류, 채소류 등을 조리할 때 주로 이용되며 물에 삶는 것보다 영양의 손실이 적고 풍미와 색채를 유지할 수 있다.

(5) Blanching(Blanchir, 데치기)

식품을 많은 양의 끓는 물 또는 기름에 넣어 짧게 데쳐 빨리 식히는 방법으로 재료와 물, 기름의 비율은 1:10 정도로 한다. 끓는 물에 데칠 경우는 시금치, 청경채, 감자, 베이컨 등을 사용하며 찬물에 빨리 식혀야 한다. 끓는 기름에 데칠 경우 130℃ 정도가 적당하며 생선, 채소, 육류 등을 사용한다. 어육류의 냄새를 제거, 조직의 연화, 피 등 불순물을 제거하며, 표면의 단백질 응고로 영양분의 용출방지에 효과적인 방법이다.

(6) Glazing(Glacer, 글레이징)

설탕이나 버터, 육즙 등을 졸여서 재료에 코팅하는 조리방법으로 당근, 감자, 채소 등을 윤기나게 하는 조리방법이다.

3) 복합 조리방법

(1) Braising(Braiser, 브레이징)

팬에서 색을 낸 고기, 채소, 소스, 육즙 등을 브레이징 팬에 넣은 다음 뚜껑을 덮고 천천히 조리하는 방법으로 주로 질긴 육류의 조리법이며 온도가 높으면 육질이 질겨지므로 180℃의 온도에서 천천히 오래 익힌다. 고기의 표면이 마르지 않도록 위아래를 돌려주거나 스푼으로 소스를 끼얹어 준다. 조리된 다음 고기를 꺼내고 육즙을 체에 걸러 Butter를 넣고 Monté하여 Sauce로 사용한다.

(2) Stewing(Etuver, 스튜잉)

고기, 채소 등을 큼직하게 썰어 기름에 지진 후 Gravy나 Brown Stock을 넣어 110~140℃의 온도에 걸죽하게 끓여내는 조리법으로 육류, 채소, 과일 등을 사용한다.

4) 기타 조리방법

(1) Blending(브랜딩)

두 가지 이상의 재료가 잘 합해질 때까지 섞는 방법이다.

(2) Whipping(휘핑)

거품이나 포크를 사용하여 빠른 속도로 거품을 내고 공기를 함유하게 하는 방법이다.

(3) Creaming(크리밍)

버터, 마가린, 달걀흰자 등을 스푼이나 다른 것으로 부드러워질 때까지 치대는 방법으로 일반적으로 설탕을 섞어서 한다.

(4) Glaceing(글레이싱)

설탕이나 시럽을 얇게 음식에 바르는 방법이다.

(5) Parboiling

아주 푹 익히지 않고 살짝 익도록 끓이는 방법이다.

(6) Basting

음식이 건조해지는 것을 방지하거나 맛을 더 내기 위하여 버터, 기름, 국물 등을 끼얹는 방법이다.

2. 기본 채소 썰기 방법

- Allumette(알뤼메뜨) : 성냥개비(작은 성냥이라는 뜻)처럼 길게 써는 것(6cm×3mm×3mm)
- Batonnet(바또네) : 작은 막대기형으로 길게 써는 것(6cm×6mm×6mm)으로 Vegetable Stick에 사용된다.
- Brunoise(브르노와즈) : 3mm×3mm×3mm의 작은 주사위형(정육면체)으로 써는 것으로 소스나 수프의 가니쉬로 사용된다. Fine Brunoise는 1.5mm×1.5mm×1.5mm의 작은 주사위형(정육면체)으로 써는 것이다.
- Chateau(샤또) : 달걀 모양으로 가운데가 굵고 양끝이 가늘게 5cm 정도의 길이로 써는 것이다.
- Cheveux(쉬브) : 머리카락처럼 가늘게 써는 것으로 채소를 많이 사용한다.
- Chiffonade(쉬포나드) : 가는 실처럼 가늘게 써는 것으로 상추나 허브 잎을 사용한다.
- Concasse(꽁까세) : 가로, 세로 0.5cm 정사각형으로 얇게 써는 것
- Cornet(꼬흐네) : 나팔 모양으로 써는 것
- Cube(뀌브) : 가로, 세로 1.5cm 주사위형(정육면체)으로 써는 것
- Dice Small : 주사위(정육면체) 모양으로 써는 것(6mm×6mm×6mm) 1/4인치

- Dice Medium: 주사위(정육면체) 모양으로 써는 것(12mm×12mm×12mm) 2/4인치

- Dice Large: 주사위(정육면체) 모양으로 써는 것(20mm×20mm×20mm) 3/4인치

- Emincer(에멩세): 얇게 저미는 것으로 양파나 버섯을 사용한다.

- Fluting(플루팅): 버섯 등을 돌려가며 모양을 내어 깎는 방법이다.

- Hacher(아세): 잘게 다지는 것으로 Chop와 같은 개념으로 사용되며 양파, 당근, 고기 등을 썰 때 사용한다.

- Jardiniere(자흐디니에르): 샐러드 채소 썰기에 주로 이용하는 방법으로 3.5mm× 3.5mm×3.5mm의 깍둑썰기 형태이다.

- Julienne(쥬리엔): 3mm×3mm×5cm 정도의 길이로 길게 써는 것으로 당근, 무 등의 채 소에 사용한다. Fine Julinne(파인 쥬리엔)은 1.5cm×1.5cm×5cm의 길이로 써는 것이다.

- Macedoine(마세두안): 과일 종류를 1~1.5cm의 주사위형으로 써는 것이다.

- Mincing(민싱): 채소, 허브, 양파, 마늘, 샬롯 등을 곱게 다지는 방법이다.

- Noisette(누아젯뜨): 지름 3cm 정도의 둥근형으로 써는 것이다.

- Olivette(올리베트): 올리브 형태로 써는 것이다.

- Parisienne(빠리지엥): 둥근 구슬같이 써는 것인데 스쿱(Scoop)을 이용한다.

- Paysanne(뻬이잔느): 가로, 세로 1.2cm, 두께 3mm로 납작한 네모 형태나 다이아몬드 형태로 얇게 써는 것으로 수프의 가니쉬로 이용된다.

- Pont-Neuf(뽕느프): 가로, 세로 6mm의 크기, 길이 6cm로 써는 것이다.

- Printanier(쁘랭따니에): 로진(Loznge)이라고도 하며 가로, 세로 1.2cm, 두께 0.3cm의 다 이아몬드 형으로 써는 것이다.

- Rondelle(롱델): 둥근 채소를 0.6~1cm의 크기로 둥글게 써는 것을 말한다.

- Russe(뤼스): 가로, 세로 5mm, 길이 2~3cm 정도의 크기로 짧은 막대기형으로 써는 것 을 말한다.

- Salpicon(살피콘): 고기 종류를 작은 정사각형으로 써는 것이다.

- Tourner(뚜흐네): 돌리면서 둥글게 모양을 내어 깎는 것을 말한다.

- Tranche(트랑쉬): 채소, 고기 등을 넓은 조각으로 자르는 것이다.
- Troncon(트랑숑): 토막으로 자르는 것으로 장어나 연어 등 생선을 토막내어 써는 방법
  이다.
- Vichy(비치): 7mm의 두께로 비행접시 모양으로 둥글게 썰어 가장자리를 도려낸 모양
  으로 써는 방법이다.

3. 재료의 계량법

정확한 재료의 계량은 낭비를 막고 일정한 품질을 유지하는 데 매우 중요한 요소로 작
용되고 있다. 합리적이고 계획적으로 조리하기 위해서는 균일한 재료의 계량이 선행되어
야 한다. 계량기구의 종류로는 일반적으로 계량국자, 계량컵, 계량스푼, 저울 등이 이용
된다.

1) 무게와 부피

- 1 Tbsp(table spoon)=3 Tsp(tea spoon)=15 ml(milliliter)=15 cc
- 1 C(cup)=16 Tbsp=240 ml(milliliter)
- 1 oz(ounce)=28.35 g(gram)=0.0625 lb(pound)
- 1 lb(pound)= 453.6 g(gram)=16 oz(ounce)
- 1 kg(kilogram)=2.2 lb(pound)
- 1 pt(pint)=2c(cup)=480ml(milliliter)
- 1 qt(quart)=2pt(pint)=4c(cup)=960ml(milliliter)
- 1 gal(gallon)=4 qt(quart)=8 pt(pint)=16 c(cup)=3480 ml(milliliter)

2) 길이

- 1 inch=2.54 cm=2 1/2cm

- 1 cm=3/8 inch

- 12 inch= 1pit

- 섭씨와 화씨의 온도 전환 공식

- $℃= 5/9×(℉-32)$

- $℉= (9/5×℃)+32$

- ℃=Centigrade, ℉=Fahrenheit

- $0℉=-18℃$ $32℉=0℃$

참고 문헌	고범석·이동근·안홍, 서양요리의 세계, 훈민사, 2009. 김기영, 서양조리실무론, 성안당, 2000. 김옥란·이동근·배성일, 최신서양요리, 2011. 김헌철·고범석, 호텔식 정통서양요리, 훈민사, 2006. 염진철, 기초서양조리, 백산출판사. 2006. 이동근·고범석·성명진, 메인요리콤퍼지션, 2010. 이동근·서강태·이필우, 서양조리, 2024. 최수근, 서양요리, 형설출판사, 2003. 최수근·조우현·김동석, The Sauce, 백산출판사, 2012. CIA, The New Professional Chef 9th Edition, John Wiley & sons, 2011. Wayne Gisslen, Professional Cooking Fifth Edition, John Wiley & sons, 2003.

PART
2

Main Dish의 실기

1 Black Olive crusted Red Snapper, Confit of Potato, Sweet Pumpkin puree, sautéed vegetable with White wine sauce
화이트와인 소스를 곁들인 블랙올리브 크러스트 도미구이, 감자 콩피, 단호박 퓌레, 채소볶음

2 Roasted Codfish, Potato Dumpling, Squash Puree, Buttered Mushroom with Lemon Butter sauce
레몬버터 소스를 곁들인 대구와 감자 덤플링, 애호박 퓌레, 버터향 버섯

3 Grilled Sea Bass, Potato Mille-feuille, Cauliflower Puree, Dried cherry Tomato with Mornay sauce
모르네 소스를 곁들인 농어구이와 감자 밀푀유, 콜리플라워 퓌레, 드라이 토마토

4 Soy Mustard Glazed Salmon, Potato soufflé, Eggplant Puree, Orange compote with Basil cream sauce
바질 크림소스를 곁들인 간장 겨자로 글레이즈한 연어와 감자 수플레, 가지 퓌레, 오렌지 콩포트

5 Poached Prawn Mousse on the Lemon crumble, Grilled Sea Scallop, Potato noodle, Grilled Asparagus with Bisque sauce
비스큐소스를 곁들인 레몬 크럼블 위의 새우와 가리비, 감자 누들, 구운 아스파라거스

6 Steamed Lobster roll, Buttered Abalone, Potato flan, Onion Puree with Alanglaise sauce
알렌글레이즈 소스를 곁들인 바닷가재 롤과 버터향 전복, 감자플랑, 양파 퓌레

7 Cuttlefish Crab cake, Shredded Potato, Yellow Peach Puree, Grilled Mushroom with Tomato Cream sauce
토마토 크림소스를 곁들인 오징어 게살 케이크, 슈레드 감자, 황도 퓌레, 구운 버섯

제 1 장

Fish & Seafood의
조리

Black Olive crusted Red Snapper, Confit of Potato,
Sweet Pumpkin puree, sautéed vegetable with
White wine sauce

화이트와인 소스를 곁들인 블랙올리브 크러스트 도미구이, 감자 콩피, 단호박 퓌레, 채소볶음

Ingredient list
재료 목록

Red Snapper(도미) 120g	Beech mushroom(만가닥 버섯) 20g
Thyme(타임) 2sprig	Flour(밀가루) 20g
White wine(화이트와인) 100ml	Basil(바질) 2g
Bred crumb(빵가루) 10g	Dill(딜) 2g
Lemon(레몬) 1/6pc	Bay Leaf(월계수잎) 1pc
Black Olive(블랙올리브) 50g	Clove(정향) 1pc
Potato(감자) 50g	Butter(버터) 30g
Sweet Pumpkin(단호박) 50g	Olive oil(올리브 오일) 20ml
Fresh Cream(생크림) 60ml	Salad oil(식용유) 50ml
Garlic(마늘) 20g	Sugar(설탕)
Onion(양파) 20g	Salt(소금)
Squash(애호박) 20g	Pepper(후추)

Cooking utensils and equipment
조리기구

Chef's Knife(칼), Cutting Board(도마), Pot(냄비), China cap(차이나 캡, 체), Ladle(국자), Coating pan(코팅 팬), Bamboo stick(대나무 젓가락), Spatula(스패튤러), Oven pan(오븐팬), Mixing bowl(믹싱볼), Blender(블렌더), Skimmer(스키머), Dishtowel(행주), Measuring cup(계량컵), Thread(조리용 실), Measuring Spoon(계량 스푼), Scale(저울)

Cooking Method
조리 방법

Black Olive crusted Red Snapper

Ingredient 재료

Red Snapper(도미) 120g

Thyme(타임) 2sprig

White wine(화이트와인) 30ml

Lemon(레몬) 1/6pc

Garlic(마늘) 10g

Black Olive(블랙올리브) 50g

Bred crumb(빵가루) 10g

Dill(딜) 2g

Olive oil(올리브 오일) 10ml

Butter(버터) 10g

Salt(소금)

Pepper(후추)

준비

1 도미살에 레몬 껍질, 다진 마늘, 레몬주스, 화이트와인, 올리브 오일, 소금, 후추로 마리네이드 한다.

2 블랙올리브, 마늘, 빵가루를 넣고 블렌더에 갈아 놓는다.

조리

1 팬에 버터를 넣고 도미를 시어링 하고 블랙올리브 크러스트를 덮어 170℃에서 7분 간 구워준다.

완성

1 핑크색 후추, 딜을 올려준다.

Confit of Potato

Ingredient 재료

Potato(감자) 50g

Salad oil(식용유) 50ml

Garlic(마늘) 10g

Salt(소금)

Pepper(후추)

준비

1 감자의 껍질을 벗기고 원형몰드로 찍어 놓는다.

조리

1 끓는 물에 소금을 넣고 감자를 삶아 놓는다.

2 오븐에 감자와 식용유를 넣고 160℃에 12분간 굽는다.

완성

1 소금, 후추를 뿌려준다.

Sweet Pumpkin puree

Ingredient 재료

Sweet Pumpkin(단호박) 50g   Salt(소금)
Fresh Cream(생크림) 30ml   Pepper(후추)
Butter(버터) 10g

준비   1   단호박의 껍질을 제거한다.

조리   1   물에 소금을 넣고 끓으면 단호박을 삶아 준 후 체에 내려 준다.

완성   1   버터, 생크림, 소금, 후추를 넣고 잘 저어 준다.

Sautéed vegetable

Ingredient 재료

Squash(애호박) 20g   Salt(소금)
Beech mushroom(만가닥 버섯) 20g   Pepper(후추)
Basil(바질) 2g
Olive oil(올리브 오일) 10ml

준비   1   바질을 슬라이스 하고 애호박을 얇게 밀어 놓는다.

조리   1   팬에 올리브 오일을 넣고 애호박, 만가닥버섯을 볶아준다.

완성   1   바질, 소금, 후추를 넣어 준다.

Cooking Method
조리 방법

White wine sauce

Ingredient 재료

Onion(양파)20g   Thyme(타임) 2pc
Flour(밀가루) 20g   White wine(화이트와인) 60ml
Bay Leaf(월계수잎) 1pc   Olive oil(올리브 오일) 10ml
Clove(정향) 1pc   Salt(소금)
Butter(버터) 30g   Pepper(후추)
Fresh Cream(생크림) 30ml

준비　1　양파를 다져 놓는다.

조리　1　팬에 버터를 놓고 양파를 볶다 밀가루를 넣어 화이트 루가 되면 화이트와인를 넣고 졸여준다.

　　　2　생선스톡을 넣고 월계수 잎, 정향을 넣고 끓여 준다.

완성　1　월계수 잎, 정향을 꺼내주고 소금, 후추로 간을 한 후 체에 내려 준다.

┌─ 유 의 사 항 ─────────────────────

○ 조리 순서에 유의한다.
○ 오븐의 온도 및 불을 조절하여 타지 않도록 주의한다.
○ 소스의 농도에 유의한다.

2

Roasted Codfish, Potato Dumpling, Squash Puree,
Buttered Mushroom with Lemon Butter sauce

레몬버터 소스를 곁들인 대구와
감자 덤플링, 애호박 퓌레, 버터향 버섯

Ingredient list
재료 목록

Cod fish(대구) 120g
Thyme(타임) 2sprig
White wine(화이트와인) 30ml
Lemon(레몬) 1/6
Potato(감자) 60g
Egg(달걀) 20g
Squash(애호박) 60g
Milk(우유) 20ml
Fresh Cream(생크림) 50ml
Flour(밀가루) 20g
Beech mushroom(만가닥 버섯) 30g
Basil(바질) 2g

Garlic(마늘) 20g
Bread Crumb(빵가루) 20g
Onion(양파) 20g
Caper(케이퍼) 10g
Tomato(토마토) 20g
Chive(차이브) 5g
Mayonnaise(마요네즈) 10g
Butter(버터) 60g
Olive oil(올리브 오일) 20ml
Sugar(설탕)
Salt(소금)
Pepper(후추)

**Cooking
utensils and
equipment**
조리기구

Chef's Knif10e(칼), Cutting Board(도마), Pot(냄비), China cap(차이나 캡, 체),
Ladle(국자), Coating pan(코팅 팬), Bamboo stick(대나무 젓가락),
Spatula(스패튤러), Oven pan(오븐팬), Mixing bowl(믹싱볼), Blender(블렌더),
Skimmer(스키머), Dishtowel(행주), Measuring cup(계량컵), Thread(조리용 실),
Measuring Spoon(계량 스푼), Scale(저울)

Cooking Method
조리 방법

Roasted codfish

Ingredient 재료

Cod fish(대구) 120g
Thyme(타임) 2sprig
White wine(화이트와인) 30ml
Lemon(레몬) 1/6
Olive oil(올리브 오일) 20g

Bread Crumb(빵가루) 20g
Caper(케이퍼) 10g
Salt(소금)
Pepper(후추)

준비 1 대구에 레몬 껍질, 타임, 다진 마늘, 레몬주스, 화이트와인, 올리브 오일, 소금, 후추
로 마리네이드 한다.

2 빵가루에 다진 케이퍼, 다진 마늘, 타임을 섞어 놓는다.

조리 1 팬에 버터를 넣고 대구를 시어링 하고 블랙올리브 크러스트를 덮어 170℃에서 7분
간 구워준다.

완성 1 핑크색 후추, 타임을 올려준다.

Potato Dumpling

Ingredient 재료

Potato(감자) 60g
Flour(밀가루) 20g
Egg(달걀) 20g
Butter(버터) 60g
Bread Crumb(빵가루) 10g
Mayonnaise(마요네즈) 10g

Salt(소금)
Pepper(후추)

준비 1 끓는 소금물에 감자를 삶아 으깨어 놓는다.

조리 1 삶아 으깨 놓은 감자에 소금, 후추로 양념을 한 후 밀가루, 계란, 빵가루를 묻혀 버터
에 굽는다.

완성 1 마요네즈를 올려준 후 허브를 올린다.

Squash Puree

Ingredient 재료

Squash(애호박) 60g   Salt(소금)
Milk(우유) 20ml   Pepper(후추)
Fresh Cream(생크림) 50ml
Flour(밀가루) 20g
Butter(버터) 20g

준비 1 애호박을 작게 잘라준다.

조리 1 팬에 버터를 넣고 애호박을 볶다 밀가루를 넣고 닭육수, 우유, 생크림을 넣고 끓여
              준다.

       2 애호박이 익으면 블렌더에 갈아 준 후 체에 내려 준다.

완성 1 소금, 후추를 섞어 준다.

Buttered Mushroom

Ingredient 재료

Beech mushroom(만가닥 버섯) 30g
Basil(바질) 2g
Garlic(마늘) 10g
Butter(버터)
Salt(소금)
Pepper(후추)

준비 1 마늘은 다지고, 바질은 슬라이스 하고 버섯을 잘라 준다.

조리 1 팬에 버터를 넣고 다진 마늘, 버섯을 볶다 바질을 넣어 준다.

완성 1 소금, 후추로 간을 한다.

②

Cooking Method
조리 방법

Lemon Butter sauce

Ingredient 재료

White wine(화이트와인) 30ml   Chive(차이브) 5g

Butter(버터) 40g   Sugar(설탕)

Onion(양파) 20g   Salt(소금)

Lemon(레몬) 1/6   Pepper(후추)

Caper(케이퍼) 10g

Tomato(토마토) 20g

준비   1   양파, 케이퍼, 차이브를 다지고, 토마토는 콩카세하고 레몬 껍질은 곱게 슬라이스 한다.

조리   1   팬에 버터를 넣고 양파를 볶다 와인을 넣고 졸여 준다.

        2   불을 끄고 레몬 주스를 넣고 버터를 녹여 준 후 토마토, 차이브, 케이퍼, 레몬 껍질을 넣고 섞어 준다.

완성   1   소금, 후추로 간을 한다.

─ 유 의 사 항 ─

○ 조리 순서에 유의한다.

○ 오븐의 온도 및 불을 조절하여 타지 않도록 주의한다.

○ 소스의 농도에 유의한다.

3

Grilled Sea Bass, Potato Mille-feuille, Cauliflower Pu-ree, Dried cherry Tomato with Mornay sauce

모르네 소스를 곁들인 농어구이와
감자 밀푀유, 콜리플라워 퓌레, 드라이 토마토

Ingredient list

재료 목록

Sea bass(농어) 120g	Flour(밀가루) 20g
Thyme(타임) 2sprig	Cherry Tomato(방울토마토) 1pcs
White wine(화이트와인) 30ml	Garlic(마늘) 20g
Lemon(레몬) 1/6pc	Onion(양파) 20g
Dill(딜) 2g	Gruyere Cheese(그뤼에르 치즈) 20g
Caper(케이퍼) 10g	Bay Leaf(월계수 잎) 1pc
Potato(감자) 60g	Clove(정향) 1pc
Carrot(당근) 20g	Nutmeg(넛멕) 2g
Grana padano Cheese	Butter(버터) 20g
(그라나파다노 치즈) 20g	Olive oil(올리브 오일) 20ml
Cauliflower(콜리플라워) 60g	Sugar(설탕)
Milk(우유) 40ml	Salt(소금)
Fresh Cream(생크림) 50ml	Pepper(후추)
Sour cream(사워크림) 30ml	

Cooking utensils and equipment

조리기구

Chef's Knife(칼), Cutting Board(도마), Pot(냄비), China cap(차이나 캡, 체), Ladle(국자), Coating pan(코팅 팬), Bamboo stick(대나무 젓가락), Spatula(스패튤러), Oven pan(오븐팬), Mixing bowl(믹싱볼), Blender(블렌더), Skimmer(스키머), Dishtowel(행주), Measuring cup(계량컵), Thread(조리용 실), Measuring Spoon(계량 스푼), Scale(저울)

Cooking Method
조리 방법

Grilled Sea Bass

Ingredient 재료

Sea bass(농어) 120g
Thyme(타임) 1sprig
White wine(화이트와인) 30ml
Lemon(레몬) 1/6pc
Dill(딜) 2g
Olive oil(올리브 오일) 50ml

Garlic(마늘) 20g
Caper(케이퍼) 10g
Sour cream(사워크림) 20ml
Salt(소금)
Pepper(후추)

준비 1 농어를 레몬 껍질, 타임, 다진 마늘, 딜, 레몬주스, 화이트와인, 올리브 오일, 소금, 후추로 마리네이드 한다.

조리 1 팬에 버터를 넣고 농어를 굽는다.

완성 1 농어 위에 사워크림을 주고 케이퍼, 레몬 껍질, 딜을 올려준다.

Potato Mille-feuille

Ingredient 재료

Potato(감자) 60g
Carrot(당근) 20g
Grana padano Cheese
  (그라나파다노 치즈) 20g
Milk(우유) 40ml
Fresh Cream(생크림) 50ml

Gruyere Cheese(그뤼에르 치즈) 20g
Sour cream(사워크림) 20ml
Nutmeg(넛멕) 2g
Salt(소금)
Pepper(후추)

준비 1 감자, 당근을 얇게 슬라이스 하여 우유, 생크림, 넛멕, 소금, 후추를 섞은 것에 담가 놓는다.

조리 1 팬에 버터를 마르고 감자를 놓고 치즈를 뿌리고 당근을 올린다.

2 3~4회 정도 반복하여 치즈를 올린 후 쿠킹호일을 덮어 170℃에 25분간 익힌 후 냉동에서 식힌다.

완성 1 알맞은 크기로 잘라 오븐에 굽고 사워크림을 올리고 타임을 올려준다.

Cauliflower Puree

Ingredient 재료

Cauliflower(콜리플라워) 60g   Salt(소금)
Milk(우유) 20ml   Pepper(후추)
Fresh Cream(생크림) 50ml
Flour(밀가루) 20g
Butter(버터) 20g

준비   1   콜리플라워를 작게 잘라준다.

조리   1   팬에 버터를 넣고 콜리플라워를 볶다 밀가루를 넣고 닭육수, 우유, 생크림을 넣고 끓여 준다.

         2   익으면 블렌더에 갈아 준 후 체에 내려 준다.

완성   1   소금, 후추를 섞어 준다.

Dried cherry Tomato

Ingredient 재료

Cherry Tomato(방울토마토) 1pcs   Salt(소금)
Garlic(마늘) 10g   Pepper(후추)
Thyme(타임) 1sprig
Olive oil(올리브 오일) 20ml

준비   1   마늘을 슬라이스 한다.

조리   1   작은 볼에 올리브 오일, 마늘, 타임, 방울토마토를 넣어 160℃에 10분간 드라이 한다.

완성   1   소금, 후추로 간을 한다.

Cooking Method
조리 방법

Mornay sauce

Ingredient 재료

Onion(양파) 20g   Gruyere Cheese(그뤼에르 치즈) 20g
Flour(밀가루) 20g   Thyme(타임) 2sprig
Bay Leaf(월계수잎) 1pc   White wine(화이트와인) 60ml
Clove(정향) 1pc   Salt(소금)
Butter(버터) 30g   Pepper(후추)
Fresh Cream(생크림) 30ml

준비 1 양파를 다져 놓는다.

조리 1 팬에 버터를 놓고 양파를 볶다 밀가루를 넣어 화이트 루가 되면 화이트와인를 넣고
             졸여준다.

       2 생선스톡을 넣고 치즈를 넣고 월계수 잎, 정향을 넣고 끓여 준다.

완성 1 월계수 잎, 정향을 꺼내주고 소금, 후추로 간을 한 후 체에 내려 준다.

┌─ 유 의 사 항 ─────────────────────────────
│ ○ 조리 순서에 유의한다.
│ ○ 오븐의 온도 및 불을 조절하여 타지 않도록 주의한다.
│ ○ 소스의 농도에 유의한다.
└──────────────────────────────────────

4

Soy Mustard Glazed Salmon, Potato soufflé,
Eggplant Puree, Orange compote with Basil cream sauce

바질 크림소스를 곁들인 간장 겨자로 글레이즈한 연어와 감자 수플레, 가지 퓌레, 오렌지 콩포트

Ingredient list
재료 목록

Salmon(연어) 120g
Thyme(타임) 2sprig
White wine(화이트와인) 30ml
Lemon(레몬) 1/6pc
Basil(바질) 10g
Dill(딜) 2g
Soy sauce(간장) 20ml
Mustard(머스터드) 30ml
Potato(감자) 60g
Flour(밀가루) 20g
Egg(달걀) 20g
Eggplant(가지) 60g

Fresh cream(생크림) 60g
Orange(오렌지) 1/6pc
Orange juice(오렌지 주스) 50ml
Onion(양파) 20g
Mayonnaise(마요네즈) 10g
Garlic(마늘) 10g
Caper berry(케이퍼 베리) 10g
Butter(버터) 20g
Olive oil(올리브 오일) 20ml
Sugar(설탕)
Salt(소금)
Pepper(후추)

Cooking utensils and equipment
조리기구

Chef's Knife(칼), Cutting Board(도마), Pot(냄비), China cap(차이나 캡, 체), Ladle(국자), Coating pan(코팅 팬), Bamboo stick(대나무 젓가락), Spatula(스패튤러), Oven pan(오븐팬), Mixing bowl(믹싱볼), Blender(블렌더), Skimmer(스키머), Dishtowel(행주), Measuring cup(계량컵), Thread(조리용 실), Measuring Spoon(계량 스푼), Scale(저울)

Cooking Method
조리 방법

Soy Mustard Glazed Salmon

Ingredient 재료

Salmon(연어) 120g	Mustard(머스터드) 30ml
Thyme(타임) 2sprig	Olive oil(올리브 오일) 20ml
White wine(화이트와인) 30ml	Mayonnaise(마요네즈) 10g
Lemon(레몬) 1/6pc	Caper berry(케이퍼 베리) 20g
Basil(바질) 10g	Salt(소금)
Garlic(마늘) 20g	Pepper(후추)
Soy sauce(간장) 20ml	

준비　1　연어를 레몬 껍질, 타임, 다진 마늘, 바질, 레몬주스, 화이트와인, 올리브 오일, 소금, 후추로 마리네이드 한다.

조리　1　팬에 올리브 오일을 넣고 연어를 시어링한다.

　　　　2　팬에 간장, 설탕, 머스터드, 물 100ml를 넣고 글레이징 한다.

완성　1　마요네즈를 짜주고 바질과 케이퍼를 올려준다.

Potato soufflé

Ingredient 재료

Potato(감자) 60g	Salt(소금)
Flour(밀가루) 20g	Pepper(후추)
Butter(버터) 20g	
Egg(달걀) 20g	

준비　1　끓는 소금물에 감자를 삶아 체에 내려준다.

　　　　2　달걀흰자를 머랭한다.

조리　1　감자와 밀가루, 달걀노른자를 섞어주고 달걀흰자를 섞어 몰드에 버터를 바르고 몰드에 채워 170℃ 오븐에 12분간 구워준다.

완성　1　마요네즈를 올려주고 타임을 올려준다.

Eggplant Puree

Ingredient 재료

Eggplant(가지) 60g
Fresh cream(생크림) 50ml
Flour(밀가루) 20g
Butter(버터) 20g

Salt(소금)
Pepper(후추)

준비 1 가지의 껍질을 제거하고 작게 잘라 놓는다.

조리 1 팬에 버터를 넣고 가지를 볶다 밀가루를 넣고 닭육수, 생크림을 넣고 끓여 준다.

  2 익으면 블렌더에 갈아 준 후 체에 내려 준다.

완성 1 소금, 후추를 섞어 준다.

Orange compote

Ingredient 재료

Orange(오렌지) 1/6pc
Orange juice(오렌지 주스) 50ml
Onion(양파) 20g

Sugar(설탕)
Salt(소금)
Pepper(후추)

준비 1 양파는 다져 놓고 오렌지 껍질을 슬라이스하고 살을 발라 미디엄 다이스로 썰어 놓는다.

조리 1 팬에 열을 가해 설탕을 녹이고 오렌지 주스를 넣은 후 오렌지를 넣고 졸여준다.

완성 1 소금, 후추로 간을 한다.

Cooking Method
조리 방법

Basil cream sauce

Ingredient 재료

Basil(바질) 10g   Salt(소금)
Flour(밀가루) 20g   Pepper(후추)
Fresh cream(생크림) 50ml
Butter(버터) 20g

준비 1 바질을 다져 놓는다.

조리 1 팬에 버터를 넣고 밀가루를 볶아준 후 우유를 넣어 풀고 생크림을 넣어 준다.

완성 1 바질을 넣고 소금, 후추로 간을 한다.

─ 유 의 사 항 ─

○ 조리 순서에 유의한다.
○ 오븐의 온도 및 불을 조절하여 타지 않도록 주의한다.
○ 소스의 농도에 유의한다.

5

Poached Prawn Mousse on the Lemon crumble,
Grilled Sea Scallop, Potato noodle, Grilled Asparagus
with Bisque sauce

비스큐소스를 곁들인 레몬 크럼블 위의 새우와
가리비, 감자 누들, 구운 아스파라거스

Ingredient list
재료 목록

Prawn(새우) 120g
Thyme(타임) 2sprig
White wine(화이트와인) 30ml
Lemon(레몬) 1/6pc
Basil(바질) 2g
Bread crumb(빵가루) 20g
Fresh cream(생크림) 60ml
Egg(달걀) 20g
Scallop(가리비) 1pc
Potato(감자) 60g
Milk(우유) 50ml
Asparagus(아스파라거스) 1pc
Mayonnaise(마요네즈) 10ml

Honey mustard(허니 머스터드) 10ml
Tomato Paste(토마토 페이스트) 20g
Flour(밀가루) 20g
Garlic(마늘) 20g
Onion(양파) 20g
Celery(셀러리) 20g
Carrot(당근) 20g
Butter(버터) 20g
Olive oil(올리브 오일) 20ml
Sugar(설탕)
Salt(소금)
Pepper(후추)

**Cooking
utensils and
equipment**
조리기구

Chef's Knife(칼), Cutting Board(도마), Pot(냄비), China cap(차이나 캡, 체),
Ladle(국자), Coating pan(코팅 팬), Bamboo stick(대나무 젓가락),
Spatula(스패튤러), Oven pan(오븐팬), Mixing bowl(믹싱볼), Blender(블렌더),
Skimmer(스키머), Dishtowel(행주), Measuring cup(계량컵), Thread(조리용 실),
Measuring Spoon(계량 스푼), Scale(저울)

Cooking Method
조리 방법

Poached Prawn mousse on the lemon crumble

Ingredient 재료

Prawn(새우) 120g   Basil(바질) 2g
Thyme(타임) 2sprig   Bread crumb(빵가루)20g
White wine(화이트와인) 30ml   Honey mustard(허니 머스터드) 10ml
Lemon(레몬) 1/6pc   Salt(소금)
Flour(밀가루) 20g   Pepper(후추)
Egg(달걀) 20g

준비   1   껍질을 벗겨낸 새우를 넓게 편 후 화이트와인, 레몬 주스, 바질, 소금, 후추로 마리네
             이드 하고 달걀, 밀가루를 묻혀 랩에 말아 준다.

         2   레몬 껍질, 빵가루, 바질을 넣고 블렌더에 갈아 놓는다.

조리   1   새우를 포칭한다.

완성   1   허니 머스터드를 올린 다음 바질을 올려준다.

Grilled Sea Scallop

Ingredient 재료

Scallop(가리비) 1pc   Butter(버터) 20g
White wine(화이트와인) 30ml   Olive oil(올리브 오일) 20ml
Lemon(레몬) 1/6pc   Salt(소금)
Basil(바질) 2g   Pepper(후추)
Mayonnaise(마요네즈) 10ml

준비   1   가리비에 화이트와인, 레몬주스, 바질, 올리브 오일, 소금, 후추로 마리네이드 한다.

조리   1   팬에 버터를 넣고 구워준다.

완성   1   마요네즈를 올리고 바질을 올려준다.

Potato noodle

Ingredient 재료

Potato(감자) 60g   Salt(소금)

Milk(우유) 50ml   Pepper(후추)

Butter(버터) 5g

준비 1 감자를 누들로 만든다.

조리 1 팬에 버터를 넣고 볶다가 우유를 넣어 익혀준다.

완성 1 소금, 후추로 간을 한다.

Grilled Asparagus

Ingredient 재료

Asparagus(아스파라거스) 1pc   Salt(소금)

Carrot(당근) 20g   Pepper(후추)

Butter(버터) 5g

Basil(바질) 2g

준비 1 아스파라거스는 껍질을 제거하고 당근을 얇게 썰어 준다.

2 바질은 슬라이스 한다.

조리 1 끓는 소금물에 아스파라거스를 데친 후 팬에 버터를 넣고 볶아 준다.

완성 1 소금, 후추로 간을 한다.

Cooking Method
조리 방법

Bisque sauce

Ingredient 재료

Prawn shell(새우 껍질) 50g	Carrot(당근) 20g
Tomato Paste(토마토 페이스트) 20g	Butter(버터) 20g
Flour(밀가루) 20g	Fresh cream(생크림) 60ml
Garlic(마늘) 20g	Basil(바질) 2g
Onion(양파) 20g	Salt(소금)
Celery(셀러리) 20g	Pepper(후추)

준비
1 마늘은 다지고, 양파, 셀러리, 당근을 작게 잘라 놓는다.
2 새우 껍질을 준비해 놓는다.

조리
1 팬에 버터를 넣고 새우 껍질, 마늘, 양파, 셀러리, 당근을 볶다가 밀가루를 넣고 볶아 준다.
2 토마토 페이스트를 넣고 신맛이 없어질 때까지 볶다가 물을 넣어주고 바질을 넣어 주고 체에 걸러 준다.

완성
1 생크림을 넣고 소금, 후추로 간을 한다.

┌─ 유 의 사 항 ─

○ 조리 순서에 유의한다.
○ 오븐의 온도 및 불을 조절하여 타지 않도록 주의한다.
○ 소스의 농도에 유의한다.

6

*Steamed Lobster roll, Buttered Abalone, Potato flan,
Onion Puree with Alanglaise sauce*

알렌글레이즈 소스를 곁들인 바닷가재 롤과
버터향 전복, 감자플랑, 양파 퓌레

Ingredient list
재료 목록

Lobster(바닷가재) 1/2pc	Cherry Tomato(방울토마토) 1pc
Abalone(전복) 1pc	Milk(우유) 50ml
Thyme(타임) 2sprig	Flour(밀가루) 20g
White wine(화이트와인) 30ml	Onion(양파) 60g
Lemon(레몬) 1/6pc	Nutmeg(넛멕) 1g
Basil(바질) 2g	Butter(버터) 20g
Fresh Cream(생크림) 60ml	Olive oil(올리브 오일) 20ml
Egg(달걀) 20g	Sugar(설탕)
Potato(감자) 60g	Salt(소금)
Cream Cheese(크림치즈) 20g	Pepper(후추)
Dijon mustard(디종 머스터드) 10ml	
Mayonnaise(마요네즈) 10ml	

**Cooking
utensils and
equipment**
조리기구

Chef's Knife(칼), Cutting Board(도마), Pot(냄비), China cap(차이나 캡, 체),
Ladle(국자), Coating pan(코팅 팬), Bamboo stick(대나무 젓가락),
Spatula(스패튤러), Oven pan(오븐팬), Mixing bowl(믹싱볼), Blender(블렌더),
Skimmer(스키머), Dishtowel(행주), Measuring cup(계량컵), Thread(조리용 실),
Measuring Spoon(계량 스푼), Scale(저울)

6

Cooking Method
조리 방법

Steamed Lobster roll

Ingredient 재료

Lobster(바닷가재) 1/2pc
Thyme(타임) 2sprig
White wine(화이트와인) 30ml
Lemon(레몬) 1/6pc
Dijon mustard(디종 머스터드) 10ml

Basil(바질) 2g
Salt(소금)
Pepper(후추)

준비   1   바닷가재에 화이트와인, 레몬 주스, 바질, 소금, 후추로 마리네이드 하고 랩으로 말아 놓는다.

조리   1   끓는 소금물에 바닷가재를 포칭한다.

완성   1   디종 머스터드를 올리고 타임으로 장식한다.

Buttered Abalone

Ingredient 재료

Abalone(전복) 1pc
Thyme(타임) 2sprig
White wine(화이트와인) 30ml
Lemon(레몬) 1/6pc
Basil(바질) 2g
Butter(버터) 20g

Mayonnaise(마요네즈) 10ml
Salt(소금)
Pepper(후추)

준비   1   전복을 손질하여 화이트와인, 레몬 주스, 바질, 소금, 후추로 마리네이드 한다.

조리   1   팬에 버터를 넣고 전복을 익혀 준다.

완성   1   마요네즈를 올리고 타임으로 장식한다.

Potato flan

Ingredient 재료

Fresh Cream(생크림) 60ml   Mayonnaise(마요네즈) 10ml
Egg(달걀) 20g   Nutmeg(넛멕) 1g
Potato(감자) 60g   Salt(소금)
Cream Cheese(크림치즈) 20g   Pepper(후추)
Milk(우유) 50ml
Flour(밀가루) 20g

준비 1 감자는 껍질을 벗겨 놓는다.

조리 1 끓는 소금물에 삶아 체에 내려 달걀, 크림치즈, 밀가루, 넛멕, 우유, 생크림, 소금, 후
추를 섞어 몰드에 채운 후 위에 달걀물을 올려 170℃ 오븐에 10분간 구워 준다.

완성 1 마요네즈를 올리고 바질로 장식한다.

Onion Puree

Ingredient 재료

Milk(우유) 50ml   Salt(소금)
Flour(밀가루) 20g   Pepper(후추)
Onion(양파) 60g
Butter(버터) 20g

준비 1 양파를 슬라이스 한다.

조리 1 팬에 버터를 넣고 양파를 볶다가 밀가루, 우유를 넣고 끓인 다음 블렌더에 갈아 체
에 내려 준다.

완성 1 소금, 후추로 간을 한다.

Cooking Method
조리 방법

Alanglaise sauce

Ingredient 재료

Milk(우유) 50ml
Flour(밀가루) 20g
Onion(양파) 60g
Butter(버터) 20g
Nutmeg(넛멕) 1g

Salt(소금)
Pepper(후추)

준비   1   양파를 다져 놓는다.

조리   1   팬에 버터를 넣고 양파를 볶다 밀가루를 넣고 우유를 넣어 볶아준 후 블렌더에 갈아 체에 내려 놓는다.

완성   1   넛멕과 소금, 후추로 간을 한다.

┌─ 유 의 사 항 ─

○ 조리 순서에 유의한다.
○ 오븐의 온도 및 불을 조절하여 타지 않도록 주의한다.
○ 소스의 농도에 유의한다.

7

Cuttlefish Crab cake, Shredded Potato, Yellow Peach Puree, Grilled Mushroom with Tomato Cream sauce

토마토 크림소스를 곁들인 오징어 게살 케이크,
슈레드 감자, 황도 퓌레, 구운 버섯

Ingredient list
재료 목록

Cuttlefish(오징어) 80g	Mushroom(백만송이 버섯) 30g
Crab meat(게살) 40g	Button Mushroom(양송이) 30g
Thyme(타임) 2sprig	Tomato Paste(토마토 페이스트) 20g
White wine(화이트와인) 30ml	Sour cream(사워크림) 30ml
Lemon(레몬) 1/6pc	Bay Leaf(월계수 잎) 1pc
Basil(바질) 2g	Garlic(마늘) 20g
Fresh cream(생크림) 50ml	Butter(버터) 20g
Flour(밀가루) 20g	Olive oil(올리브 오일) 20ml
Egg(달걀) 20g	Sugar(설탕)
Potato(감자) 60g	Salt(소금)
Yellow Peach(황도) 60g	Pepper(후추)
Gold pine mushroom(황금송이 버섯) 30g	

**Cooking
utensils and
equipment**
조리기구

Chef's Knife(칼), Cutting Board(도마), Pot(냄비), China cap(차이나 캡, 체),
Ladle(국자), Coating pan(코팅 팬), Bamboo stick(대나무 젓가락),
Spatula(스패튤러), Oven pan(오븐팬), Mixing bowl(믹싱볼), Blender(블렌더),
Skimmer(스키머), Dishtowel(행주), Measuring cup(계량컵), Thread(조리용 실),
Measuring Spoon(계량 스푼), Scale(저울)

Cooking Method
조리 방법

Cuttlefish Crab cake

Ingredient 재료

Cuttlefish(오징어) 80g
Crab meat(게살) 40g
Thyme(타임) 2sprig
White wine(화이트와인) 30ml
Lemon(레몬) 1/6pc
Basil(바질) 2g

Fresh cream(생크림) 50ml
Sour cream(사워크림) 30ml
Egg(달걀) 20g
Salt(소금)
Pepper(후추)

준비 1 오징어에 달걀흰자, 화이트와인, 레몬주스, 생크림, 바질, 소금, 후추를 넣고 갈아 준다.

　　 2 게살을 섞어 준다.

조리 1 몰드에 버터를 바르고 오징어 게살 무스를 채워 170℃ 오븐에 10분간 굽는다.

완성 1 사워크림과 바질, 레몬 껍질로 장식한다.

Shredded Potato

Ingredient 재료

Potato(감자) 60g
Butter(버터) 20g

Salt(소금)
Pepper(후추)

준비 1 감자의 껍질을 벗겨 채 썰어 준다.

조리 1 팬에 버터를 넣고 볶다 물을 넣어 익혀준다.

완성 1 소금, 후추로 간을 하고 몰드에 채워 준다.

Yellow Peach Puree

Ingredient 재료

Yellow Peach(황도) 60g
Butter(버터) 20g
Fresh cream(생크림) 50ml
Flour(밀가루) 20g

Salt(소금)
Pepper(후추)

준비   1   황도를 작게 잘라 놓는다.

조리   1   팬에 버터를 넣고 황도를 볶다 밀가루 넣고 생크림을 풀어준 후 블렌더에 갈아 체에
내려준다.

완성   1   소금, 후추로 간을 한다.

Grilled Mushroom

Ingredient 재료

Gold pine mushroom
   (황금송이 버섯) 30g
Mushroom(백만송이 버섯) 30g
Button Mushroom(양송이) 30g
Basil(바질) 2g

Olive oil(올리브 오일) 20ml
Salt(소금)
Pepper(후추)

준비   1   버섯을 자르고 바질을 슬라이스 한다.

조리   1   팬에 올리브 오일을 넣고 버섯을 볶아 준다.

완성   1   바질을 넣고 소금, 후추로 간을 한다.

Cooking Method
조리 방법

Tomato Cream sauce

Ingredient 재료

Tomato Paste(토마토 페이스트) 20g Flour(밀가루) 20g

Bay Leaf(월계수 잎) 1pc Salt(소금)

Garlic(마늘) 20g Pepper(후추)

Butter(버터) 20g

Fresh cream(생크림) 50ml

준비 1 마늘을 다지고 바질을 슬라이스 해 놓는다.

조리 1 팬에 버터를 넣고 마늘을 볶다 밀가루 넣고 토마토 페이스트를 볶아 준다.

2 물로 풀어주고 생크림을 넣고 체에 내려 준다.

완성 1 바질, 소금, 후추로 간을 한다.

─ 유 의 사 항 ─

○ 조리 순서에 유의한다.

○ 오븐의 온도 및 불을 조절하여 타지 않도록 주의한다.

○ 소스의 농도에 유의한다.

1 Spring Chicken Roll filled Green mousse, Potato stew, Broccoli puree, Tomato tart with Albufera sauce
알부페라 소스를 곁들인 그린무스로 속을 채운 어린 닭고기 롤, 감자 스튜, 브로콜리 퓌레, 토마토 타르트

2 Breast of Chicken roulade, Roasted Garlic Potato puree, Red Paprika Jam, Dried Mushroom with Aurore sauce
아우로레 소스를 곁들인 닭가슴살 룰라드, 마늘 감자 퓌레, 적색 파프리카 잼, 말린 버섯

3 Leg of Chicken Ballottine, Sweet Potato Gnocchi, Pineapple Puree, Broccoli timbal with Orange Brown sauce
오렌지 브라운 소스를 곁들인 닭다리 발로틴, 고구마 뇨끼, 파인애플 퓌레, 브로콜리 팀발

4 Citrus Herb Crust Breast of Duck, Mashed potato, Sweet corn Puree, Glazed Shallot with Bigarade sauce
비가라드 소스를 곁들인 시트러스 허브로 크러스트한 오리 가슴살, 메쉬 감자, 옥수수 퓌레, 글레이즈 샬롯

5 Pan Fried Leg of Duck, Potato cigar, Orange Cheese Puree, Balsamic glazed Onion with Bercy sauce
베르시 소스를 곁들인 오리 다리, 시가 감자, 오렌지 치즈퓌레, 발사믹 글레이즈 양파

제 2 장

Poultry의
조리

1

Spring Chicken Roll filled Green mousse, Potato stew,
Broccoli puree, Tomato tart with Albufera sauce

알부페라 소스를 곁들인 그린무스로 속을 채운
어린 닭고기 롤, 감자 스튜, 브로콜리 퓌레, 토마토 타르트

Ingredient list
재료 목록

Spring Chicken(영계) 1/2pc	Milk(우유) 40ml
Toast Bread(식빵) 30g	Spinach(시금치) 20g
Garlic(마늘) 50g	Tomato(토마토) 30g
Spinach(시금치) 20g	Basil(바질) 2g
Egg(달걀) 30g	Red Pimento(적피망) 20g
Fresh Cream(생크림) 50ml	Button Mushroom(양송이버섯) 30g
Thyme(타임) 2sprig	Nutmeg(넛멕) 1g
Basil(바질) 2g	Butter(버터) 30g
Potato(감자) 50g	Olive oil(올리브 오일) 30ml
Flour(밀가루) 30g	Sugar(설탕)
Granapadano Cheese	Salt(소금)
(그라나파다노 치즈) 20g	Ground Black Pepper(검은 후춧가루)
Broccoli(브로콜리) 60g	

**Cooking
utensils and
equipment**
조리기구

Chef's Knife(칼), Cutting Board(도마), Pot(냄비), China cap(차이나 캡, 체),
Ladle(국자), Coating pan(코팅 팬), Bamboo stick(대나무 젓가락),
Spatula(스패튤러), Oven pan(오븐팬), Mixing bowl(믹싱볼), Blender(블렌더),
Skimmer(스키머), Dishtowel(행주), Measuring cup(계량컵), Thread(조리용 실),
Measuring Spoon(계량 스푼), Scale(저울)

Cooking Method

조리 방법

Spring Chicken Roll filled Green mousse

Ingredient 재료

Chicken Breast(닭가슴살) 120g　　Fresh Cream(생크림) 50ml

Toast Bread(식빵) 30g　　Thyme(타임) 2sprig

Garlic(마늘) 50g　　Salt(소금)

Spinach(시금치) 20g　　Ground Black Pepper(검은 후춧가루)

Egg(달걀) 30g

준비 　1 　닭가슴살에 달걀흰자, 시금치, 생크림, 타임, 소금, 후추를 넣고 블렌더에 갈아 놓는다.

　　2 　식빵을 길게 잘라 놓는다.

　　3 　남은 닭가슴살을 펴고 소금, 후추를 뿌린 후 그린 닭고기 무스를 바르고 식빵을 넣고 말아 실로 묶어준다.

조리 　1 　팬에 올리브 오일을 넣고 색을 낸 후 170℃에 12분간 익힌 후 실을 풀어 준다.

완성 　1 　사워크림을 올리고 으깬 후추와 타임을 올린다.

Potato stew

Ingredient 재료

Potato(감자) 50g　　Butter(버터) 20g

Flour(밀가루) 30g　　Salt(소금)

Granapadano Cheese　　Ground Black Pepper(검은 후춧가루)

　(그라나파다노 치즈) 20g

Fresh Cream(생크림) 50ml

준비 　1 　감자의 껍질을 제거하고 미디엄 다이스로 잘라 놓는다.

조리 　1 　끓는 소금물에 감자를 삶아 준 후 팬에 버터를 넣고 삶은 감자를 볶다 밀가루를 넣고 생크림을 넣어 풀어 준다.

완성 　1 　치즈를 넣고 소금, 후추로 간을 한다.

Broccoli puree

Ingredient 재료

Broccoli(브로콜리) 60g
Milk(우유) 40ml
Spinach(시금치) 20g
Butter(버터) 30g

Salt(소금)
Ground Black Pepper(검은 후춧가루)

준비 1 브로콜리를 작게 잘라 놓는다.

조리 1 팬에 버터를 넣고 브로콜리를 볶다 밀가루를 넣고 닭육수를 넣어 풀어 준다.

  2 우유를 넣고 끓이다 시금치를 넣고 블렌더에 갈아 체에 내려 준다.

완성 1 소금, 후추로 간을 한다.

Tomato tart

Ingredient 재료

Tomato(토마토) 30g
Basil(바질) 2g
Flour(밀가루) 30g
Egg(달걀) 30g
Basil(바질) 2g

Salt(소금)
Ground Black Pepper(검은 후춧가루)

준비 1 토마토를 스몰다이스로 잘라 놓고 바질은 슬라이스 한다.

  2 믹싱볼에 토마토, 달걀, 바질, 밀가루, 소금, 후추로 반죽한다.

조리 1 몰드에 버터를 바르고 토마토 반죽을 채운 후 달걀물을 덮어 오븐에 170℃에 10분간 구워 준다.

완성 1 사워크림을 뿌리고 바질을 올려준다.

Cooking Method
조리 방법

Albufera sauce

Ingredient 재료

Red Pimento(적피망) 20g   Meat Glaze(육즙) 10ml

Button Mushroom(양송이버섯) 30g   Salt(소금)

Flour(밀가루) 30g   Ground Black Pepper(검은 후춧가루)

Nutmeg(넛멕) 1g

Butter(버터) 30g

Fresh cream(생크림) 60ml

준비 1 적피망을 믹서에 갈아 체에 내린 후 버터를 섞어 놓는다.

2 양송이버섯은 곱게 다져 놓는다.

조리 1 팬에 버터와 육즙을 넣고 밀가루를 볶다 닭육수를 넣고 체에 걸러 준다.

2 양송이, 넛멕, 생크림을 넣고 적피망버터를 넣어 준다.

완성 1 소금, 후추로 간을 한다.

┌─ 유 의 사 항 ─────────────────────────────
│
│ ○ 조리 순서에 유의한다.
│ ○ 오븐의 온도 및 불을 조절하여 타지 않도록 주의한다.
│ ○ 소스의 농도에 유의한다.
│
└──────────────────────────────────────

2

Breast of Chicken roulade, Roasted Garlic Potato puree,
Red Paprika Jam, Dried Mushroom with Aurore sauce

아우로레 소스를 곁들인 닭가슴살 룰라드,
마늘 감자 퓌레, 적색 파프리카 잼, 말린 버섯

Ingredient list 재료 목록		
Chicken Breast(닭가슴살) 120g	Orange juice(오렌지주스) 40ml
Fresh cream(생크림) 60ml	Button mushroom(양송이) 30g
Egg(달걀) 30g	Beech mushroom(만가닥 버섯) 30g
Thyme(타임) 2sprig	Flour(밀가루) 20g
Shiitake mushroom(표고버섯) 30g	Tomato Puree(토마토 퓌레) 30g
Raisin(건포도) 40g	Butter(버터) 30g
Potato(감자) 40g	Olive oil(올리브 오일) 30ml
Nutmeg(넛멕) 2g	Sugar(설탕)
Milk(우유) 50ml	Salt(소금)
Garlic(마늘) 20g	Ground Black Pepper(검은 후춧가루)
Red Paprika(적 파프리카) 40g	

Cooking utensils and equipment
조리기구

Chef's Knife(칼), Cutting Board(도마), Pot(냄비), China cap(차이나 캡, 체), Ladle(국자), Coating pan(코팅 팬), Bamboo stick(대나무 젓가락), Spatula(스패튤러), Oven pan(오븐팬), Mixing bowl(믹싱볼), Blender(블렌더), Skimmer(스키머), Dishtowel(행주), Measuring cup(계량컵), Thread(조리용 실), Measuring Spoon(계량 스푼), Scale(저울)

Cooking Method
조리 방법

Breast of Chicken roulade

Ingredient 재료

Chicken Breast(닭가슴살) 120g   Butter(버터) 30g

Raisin(건포도) 40g   Salt(소금)

Fresh cream(생크림) 60ml   Ground Black Pepper(검은 후춧가루)

Egg(달걀) 30g

Thyme(타임) 2sprig

Shiitake mushroom(표고버섯) 30g

준비   1   표고버섯을 삶아 속을 잘라낸 후 닭가슴살에 달걀흰자, 생크림, 소금, 후추를 넣고 블렌더에 갈아 놓는다.

      2   남은 닭가슴살을 펴고 소금, 후추를 뿌린 후 닭고기 무스를 바르고 표고버섯, 건포도를 넣고 실로 말아 준다.

조리   1   팬에 버터를 넣고 색을 낸 후 170℃ 오븐에서 12분간 익혀 주고 실을 풀어준다.

완성   1   사워크림을 올리고 으깬 후추, 타임으로 장식한다.

Roasted Garlic Potato puree

Ingredient 재료

Potato(감자) 40g   Salt(소금)

Nutmeg(넛멕) 2g   Ground Black Pepper(검은 후춧가루)

Milk(우유) 50ml

Garlic(마늘) 20g

Butter(버터) 30g

Olive oil(올리브 오일) 30ml

준비   1   감자의 껍질을 제거한다.

조리   1   마늘은 볼에 올리브 오일을 넣고 160℃ 오븐에서 12분간 익혀 준 후 체에 내려 준다.

      2   끓는 물에 소금을 넣고 감자를 삶아 체에 내려 준다.

      3   감자, 마늘, 넛멕, 우유, 버터를 넣고 잘 저어 준다.

완성   1   소금, 후추로 간을 한다.

Red Paprika Jam

Ingredient 재료

Red Paprika(적 파프리카) 40g　　Salt(소금)
Orange juice(오렌지주스) 40ml　　Ground Black Pepper(검은 후춧가루)
Sugar(설탕)

준비　1　파프리카의 껍질을 제거하여 스몰다이스로 잘라 준다.

조리　1　팬에 설탕, 오렌지 주스, 파프리카를 넣고 졸여 준다.

완성　1　소금, 후추로 간을 한다.

Dried Mushroom

Ingredient 재료

Button mushroom(양송이) 30g　　Salt(소금)
Beech mushroom(만가닥 버섯) 30g　Ground Black Pepper(검은 후춧가루)
Olive oil(올리브 오일) 30ml
Sugar(설탕)

준비　1　양송이와 만가닥버섯을 작게 잘라 놓는다.

조리　1　믹싱볼에 올리브 오일을 발라 140℃에 12분간 익혀준다.

완성　1　소금, 후추로 간을 한다.

Cooking Method
조리 방법

Aurore sauce

Ingredient 재료

Flour(밀가루) 20g
Tomato Puree(토마토 퓌레) 30g
Butter(버터) 30g

Salt(소금)
Ground Black Pepper(검은 후춧가루)

준비 1 닭육수를 준비한다.

조리 1 팬에 버터를 넣고 밀가루를 볶다가 토마토 퓌레를 넣고 볶아주다 닭육수를 넣고 끓인 후에 체에 걸러 준다.

완성 1 소금, 후추로 간을 한다.

┌─ 유 의 사 항 ─────────────────────────────────┐

○ 조리 순서에 유의한다.
○ 오븐의 온도 및 불을 조절하여 타지 않도록 주의한다.
○ 소스의 농도에 유의한다.

└──┘

3

Leg of Chicken Ballottine, Sweet Potato Gnocchi,
Pineapple Puree, Broccoli timbal with
Orange Brown sauce

오렌지 브라운 소스를 곁들인 닭다리 발로틴,
고구마 뇨끼, 파인애플 퓌레, 브로콜리 팀발

Ingredient list
재료 목록

Chicken Leg(닭다리) 1pc
Black Sesame seed(검은깨) 20g
Egg(달걀) 20g
Fesh cream(생크림) 50ml
Thyme(타임) 2sprig
Basil(바질) 2g
Sweet Potato(고구마) 60g
Flour(밀가루) 20g
Pineapple(파인애플) 40g
Mint(민트) 2g
Broccoli(브로콜리) 30g
Italian Parsley(이탈리안 파슬리) 2g

Granapadano Cheese(그라나파다노 치즈) 10g
Nutmeg(넛멕) 2g
Orange(오렌지) 1/6pc
Demi glace(데미글라스) 30ml
Orange juice(오렌지 주스) 50ml
Butter(버터) 20g
Olive oil(올리브 오일) 30ml
Sugar(설탕)
Salt(소금)
Ground Black Pepper(검은 후춧가루)

Cooking utensils and equipment
조리기구

Chef's Knife(칼), Cutting Board(도마), Pot(냄비), China cap(차이나 캡, 체), Ladle(국자), Coating pan(코팅 팬), Bamboo stick(대나무 젓가락), Spatula(스패튤러), Oven pan(오븐팬), Mixing bowl(믹싱볼), Blender(블렌더), Skimmer(스키머), Dishtowel(행주), Measuring cup(계량컵), Thread(조리용 실), Measuring Spoon(계량 스푼), Scale(저울)

Cooking Method
조리 방법

Leg of Chicken Ballottine

Ingredient 재료

Chicken Leg(닭다리) 1pc   Butter(버터) 20g
Black Sesame seed(검은깨) 20g   Salt(소금)
Egg(달걀) 20g   Ground Black Pepper(검은 후춧가루)
Fesh cream(생크림) 50ml
Thyme(타임) 2sprig
Basil(바질) 2g

준비　1　닭다리살, 검은깨, 달걀흰자, 생크림, 바질, 소금, 후추를 넣고 블렌더에 갈아 놓는다.
　　　2　닭다리를 칼등으로 두들겨 넓게 펴고 무스를 채운 후 랩을 감싸 쿠킹호일로 감싸 준다.

조리　1　팬에서 시어링 한 후 170℃ 오븐에서 12분간 익혀준다.

완성　1　사워크림을 올리고 타임으로 장식한다.

Sweet Potato Gnocchi

Ingredient 재료

Sweet Potato(고구마) 60g   Salt(소금)
Egg(달걀) 20g   Ground Black Pepper(검은 후춧가루)
Flour(밀가루) 20g
Nutmeg(넛멕) 2g
Butter(버터) 20g

준비　1　고구마를 적당한 크기로 잘라 준다.

조리　1　끓는 물에 소금을 넣고 삶아 체에 내린 후 식혀 달걀, 밀가루로 반죽한 후 동전모양
　　　　으로 만들어 삶아 낸다.
　　　2　팬에 버터를 넣고 구워준다.

완성　1　사워크림을 올리고 타임으로 장식한다.

Pineapple Puree

Ingredient 재료

Flour(밀가루) 20g

Pineapple(파인애플) 40g

Mint(민트) 2g

Butter(버터) 20g

Salt(소금)

Ground Black Pepper(검은 후춧가루)

준비 1 파인애플을 작은 조각으로 잘라 준다.

조리 1 팬에 버터를 넣고 파인애플을 볶다 밀가루를 넣고 민트, 물을 넣어 준 후 블렌더에
         갈아 체에 내려준다.

완성 1 소금, 후추로 간을 한다.

Broccoli timbal

Ingredient 재료

Broccoli(브로콜리) 30g

Italian Parsley(이탈리안 파슬리) 2g

Granapadano Cheese
   (그라나파다노 치즈) 10g

Butter(버터) 20g

Flour(밀가루) 20g

Salt(소금)

Ground Black Pepper(검은 후춧가루)

준비 1 브로콜리를 작게 잘라 준다.

      2 이탈리안 파슬리를 다져 놓는다.

조리 1 팬에 버터를 넣고 브로콜리를 볶다 밀가루를 넣고 우유를 넣고 이탈리안 파슬리, 그
         라나파다노 치즈를 넣어 준다.

완성 1 소금, 후추로 간을 하고 몰드에 채워 빼낸다.

Cooking Method
조리 방법

Orange Brown sauce

Ingredient 재료

Orange(오렌지) 1/6pc	Salt(소금)
Demi glace(데미글라스) 30ml	Ground Black Pepper(검은 후춧가루)
Orange juice(오렌지 주스) 50ml	
Butter(버터) 20g	
Olive oil(올리브 오일) 30ml	
Sugar(설탕)	

준비   1   오렌지 껍질을 채 썰어 준비한다.

조리   1   팬에 설탕을 넣고 오렌지 껍질을 볶다 오렌지 주스를 넣고 데미글라스를 넣어 준다.

완성   1   소금, 후추로 간을 한다.

─ 유 의 사 항 ─

○ 조리 순서에 유의한다.
○ 오븐의 온도 및 불을 조절하여 타지 않도록 주의한다.
○ 소스의 농도에 유의한다.

Citrus Herb Crust Breast of Duck, Mashed potato, Sweet corn Puree, Glazed Shallot with Bigarade sauce

비가라드 소스를 곁들인 시트러스 허브로 크러스트한
오리 가슴살, 메쉬 감자, 옥수수 퓌레, 글레이즈 샬롯

Ingredient list
재료 목록

Duck Brast(오리 가슴살) 120g	Flour(밀가루) 20g
Rosemary(로즈메리) 2sprig	Onion(양파) 30g
Thyme(타임) 2sprig	Shallot(샬롯) 1pc
Garlic(마늘) 20g	Red wine(적포도 주) 50ml
Orange(오렌지) 1/6pc	Demi glace(데미글라스) 20ml
Lemon(레몬) 1/6pc	White wine vinegar(화이트와인 식초)
Bread Crumb(빵가루) 30g	30ml
Potato(감자) 60g	Butter(버터) 20g
Milk(우유) 50ml	Olive oil(올리브 오일) 30ml
Nutmeg(넛멕) 2g	Sugar(설탕)
Sweet Corn(옥수수) 50g	Salt(소금)
Fresh Cream(생크림) 60ml	Ground Black Pepper(검은 후춧가루)

**Cooking
utensils and
equipment**
조리기구

Chef's Knife(칼), Cutting Board(도마), Pot(냄비), China cap(차이나 캡, 체),
Ladle(국자), Coating pan(코팅 팬), Bamboo stick(대나무 젓가락),
Spatula(스패튤러), Oven pan(오븐팬), Mixing bowl(믹싱볼), Blender(블렌더),
Skimmer(스키머), Dishtowel(행주), Measuring cup(계량컵), Thread(조리용 실),
Measuring Spoon(계량 스푼), Scale(저울)

Cooking Method
조리 방법

Citrus Herb Crust Breast of Duck

Ingredient 재료

Duck Brast(오리 가슴살) 120g
Rosemary(로즈메리) 2sprig
Thyme(타임) 2sprig
Garlic(마늘) 20g
Orange(오렌지) 1/6pc
Lemon(레몬) 1/6pc

Bread Crumb(빵가루) 30g
Butter(버터) 20g
Salt(소금)
Ground Black Pepper(검은 후춧가루)

준비 1 오렌지 껍질, 로즈메리, 타임, 마늘을 다져 놓는다.

2 오리 가슴살 껍질에 칼집을 넣고 로즈메리, 타임, 다진 마늘, 오렌지 껍질, 올리브 오일, 소금, 후추로 마리네이드 한다.

3 오렌지 껍질, 레몬 껍질, 빵가루, 타임, 로즈메리, 마늘을 넣고 블렌더에 갈아 놓는다.

조리 1 팬에 버터를 넣고 오리 가슴살을 시어링 한 후 겨자를 바르고 크러스트를 덮어 170℃ 오븐에 8분간 구워 준다.

완성 1 사워크림을 올리고 타임으로 장식한다.

Mashed potato

Ingredient 재료

Potato(감자) 60g
Milk(우유) 50ml
Nutmeg(넛멕) 2g
Butter(버터) 20g

Salt(소금)
Ground Black Pepper(검은 후춧가루)

준비 1 감자의 껍질을 벗겨 놓는다.

조리 1 끓는 소금물에 감자를 삶아 체에 내려 버터, 우유, 넛멕을 섞어 준다.

완성 1 소금, 후추로 간을 한다.

Sweet corn Puree

Ingredient 재료

Sweet Corn(옥수수) 50g
Fresh Cream(생크림) 60ml
Flour(밀가루) 20g
Butter(버터) 20g

Salt(소금)
Ground Black Pepper(검은 후춧가루)

준비　1　옥수수를 준비한다.

조리　1　팬에 버터를 넣고 옥수수를 볶다 밀가루를 넣고 닭육수를 넣어 익혀준다.

　　　　2　생크림을 넣고 블렌더에 갈아 준다.

완성　1　소금, 후추로 간을 한다.

Glazed Shallot

Ingredient 재료

Shallot(샬롯) 1pc
Red wine(적포도 주) 50ml
Sugar(설탕)

Salt(소금)
Ground Black Pepper(검은 후춧가루)

준비　1　샬롯을 반으로 자른다.

조리　1　팬에 설탕과 레드와인을 섞어 주고 샬롯을 넣어 졸여준다.

완성　1　소금, 후추로 간을 한다.

Cooking Method
조리 방법

Bigarade sauce

Ingredient 재료

Demi glace(데미글라스) 20ml   Salt(소금)
White wine vinegar(화이트와인 식초)Ground Black Pepper(검은 후춧가루)
    30ml
Butter(버터) 20g
Orange(오렌지) 1/6pc

준비 1 오렌지 껍질을 채 썰어 놓고 오렌지 주스를 짜놓는다.

조리 1 팬에 설탕을 넣고 오렌지 껍질을 넣고 볶다 갈색이 나면 백포도 식초를 넣고 졸여
            준다.

        2 오렌지 주스, 데미글라스를 넣어 준다.

완성 1 버터를 넣고, 소금, 후추로 간을 한다.

유 의 사 항

○ 조리 순서에 유의한다.
○ 오븐의 온도 및 불을 조절하여 타지 않도록 주의한다.
○ 소스의 농도에 유의한다.

5

*Pan Fried Leg of Duck, Potato cigar, Orange Cheese
Puree, Balsamic glazed Onion with Bercy sauce*

베르시 소스를 곁들인 오리 다리, 시가 감자, 오렌지 치즈퓌레, 발사믹 글레이즈 양파

Ingredient list
재료 목록

Duck Leg(오리 다리살) 140g
Rosemary(로즈메리) 2sprig
Thyme(타임) 2sprig
Garlic(마늘) 20g
Potato(감자) 60g
Flour(밀가루) 20g
Egg(달걀) 30g
Bread Crumb(빵가루) 20g
Nutmeg(넛멕) 2g
Orange(오렌지) 1/6pc
Granapadano Cheese
   (그라나파다노 치즈) 20g
Cream Cheese(크림치즈) 30g

Fresh Cream(생크림) 60ml
Balsamic vinegar(발사믹 식초) 40ml
Onion(양파) 20g
White wine(화이트와인) 30ml
Shallot(샬롯) 1pc
Demi Glace(데미글라스) 30ml
Salad oil(식용유) 60ml
Butter(버터) 20g
Olive oil(올리브 오일) 30ml
Sugar(설탕)
Salt(소금)
Ground Black Pepper(검은 후춧가루)

Cooking utensils and equipment
조리기구

Chef's Knife(칼), Cutting Board(도마), Pot(냄비), China cap(차이나 캡, 체),
Ladle(국자), Coating pan(코팅 팬), Bamboo stick(대나무 젓가락),
Spatula(스패튤러), Oven pan(오븐팬), Mixing bowl(믹싱볼), Blender(블렌더),
Skimmer(스키머), Dishtowel(행주), Measuring cup(계량컵), Thread(조리용 실),
Measuring Spoon(계량 스푼), Scale(저울)

Cooking Method
조리 방법

Pan Fried Leg of Duck

Ingredient 재료

Duck Leg(오리 다리살) 140g
Rosemary(로즈메리) 2sprig
Thyme(타임) 2sprig
Garlic(마늘) 20g

Salt(소금)
Ground Black Pepper(검은 후춧가루)

준비   1   오리 다리를 발골하고 다진 마늘, 로즈메리, 타임, 소금, 후추로 마리네이드 한다.

     2   조리용 실로 동그랗게 묶어 준다.

조리   1   팬에 올리브 오일을 넣고 색을 낸 후 170℃에 12분간 구워 준다.

완성   1   겨자, 타임, 로즈메리를 올려 준다.

Potato cigar

Ingredient 재료

Potato(감자) 60g
Flour(밀가루) 20g
Egg(달걀) 30g
Bread Crumb(빵가루) 20g
Nutmeg(넛멕) 2g
Salad oil(식용유) 60ml

Salt(소금)
Ground Black Pepper(검은 후춧가루)

준비   1   감자의 껍질을 벗겨 낸다.

조리   1   감자를 끓는 물에 소금을 넣고 삶아 체에 내려 준다.

     2   감자에 넛멕, 소금, 후추를 넣고 반죽하여 밀가루, 달걀, 빵가루를 묻혀 기름에 튀겨 낸다.

완성   1   사워크림, 타임을 올려준다.

Orange Cheese Puree

Ingredient 재료

Orange(오렌지) 1/6pc

Granapadano Cheese
  (그라나파다노 치즈) 20g

Cream Cheese(크림치즈) 30g

Butter(버터) 20g

Flour(밀가루) 20g

Fresh Cream(생크림) 60ml

Salt(소금)

Ground Black Pepper(검은 후춧가루)

준비   1   오렌지 껍질을 슬라이스 하고 살을 발라 잘라 놓는다.

조리   1   팬에 버터를 넣고 오렌지 껍질, 오렌지 살을 볶다 밀가루를 넣고 치즈를 넣고 볶다
       생크림을 넣고 블렌더에 갈아 체에 내려준다.

완성   1   소금, 후추로 간을 한다.

Balsamic glazed Onion

Ingredient 재료

Balsamic vinegar(발사믹 식초) 40ml

Onion(양파) 20g

Butter(버터) 20g

Sugar(설탕)

Salt(소금)

Ground Black Pepper(검은 후춧가루)

준비   1   양파를 슬라이스 한다.

조리   1   팬에 발사믹 식초, 물, 설탕, 버터, 양파를 넣고 졸여 준다.

완성   1   소금, 후추로 간을 한다.

Cooking Method
조리 방법

Bercy sauce

Ingredient 재료

White wine(화이트와인) 30ml   Salt(소금)

Shallot(샬롯) 1pc   Ground Black Pepper(검은 후춧가루)

Demi Glace(데미글라스) 30ml

Butter(버터) 20g

준비   1   샬롯을 슬라이스 한다.

조리   1   팬에 버터를 넣고 샬롯을 넣고 볶다 화이트와인를 넣고 졸여 준 후 데미글라스를 넣
어 끓여 준다.

완성   1   소금, 후추로 간을 한다.

┌─ 유 의 사 항 ─────────────────────────────────┐

○ 조리 순서에 유의한다.

○ 오븐의 온도 및 불을 조절하여 타지 않도록 주의한다.

○ 소스의 농도에 유의한다.

└───┘

(1) Tenderloin of Pork covered Green olive Basil Tapenade, Fried Polenta Potato, Green Peas Puree, Creamed corn with Mustard Cream sauce
겨자 크림소스를 곁들인 그린올리브 바질 타프나드로 덮은 돼지 안심, 폴렌타 감자 튀김, 완두콩 퓨레, 크림드 옥수수

(2) Herb Cheese crusted Pork loin stuffed with Dried prune, Duchess Potato, Mushroom puree, Pineapple Compote with Lyonnaise sauce
리오네즈 소스를 곁들인 허브치즈 크러스트 건자두로 속은 채운 돼지 등심, 더치 감자, 버섯 퓨레, 파인애플 콩포트

(3) Roasted Pork Tenderloin filled Shiitake Mushroom Roulade, Sweet potato puree, Pan fried polenta, Glazed Apple with Madeira sauce
마데이라 소스를 곁들인 표고버섯으로 속을 채운 돼지 안심, 고구마 퓨레, 폴렌타, 글레이즈 사과

(4) Grilled Tenderloin of Pork, Pork Purse in Vegetable, Potato Timbal, Leek Puree, Grilled Eggplant with Mushroom sauce
버섯소스를 곁들인 돼지 안심, 채소로 속을 채운 돼지고기, 감자 팀발, 대파 퓨레, 가지 구이

(5) Mint Garlic crusted Rack of Lamb, Gratin Potato, Onion puree, Tomato Chutney with Mint Port wine sauce
민트 포트와인 소스를 곁들인 민트 마늘 크러스트 양갈비, 그라틴 감자, 배 양파 퓨레, 토마토 처트니

(6) Roasted Leg of Lamb, Dauphinoise Potato, Braised Red cabbage, Dried Cherry Tomato with Robert sauce
로베르트 소스를 곁들인 양 다리, 돌피노아즈 감자, 브레이즈 적양배추, 드라이 방울토마토

(7) Mustard Seed Garlic Crusted Lamb loin, Croquette Potato, Vegetable Galette, Mint cream with Bretonne sauce
브레토네 소스를 곁들인 겨자씨 마늘 크러스트 양 등심, 크로켓 감자, 베지터블 가레트, 민트 크림

(8) Grilled Tenderloin of Beef, Anna Potato, Red Onion Chutney, Mushroom Ragout with Red wine sauce
레드와인 소스를 곁들인 소 안심, 안나 포테이토, 적양파 처트니, 버섯 라구

(9) Beef Wellington, Potato cake, Chick peas puree, Ratatouille with Rosemary sauce
로즈메리 소스를 곁들인 비프 웰링톤, 감자케이크, 병아리콩 퓨레, 라타뚜이

(10) Pie of Beef, Potato Broccoli dumpling, Mushroom Duxelles, Roasted Garlic with Orange Tarragon sauce
오렌지 타라곤 소스를 곁들인 소고기 파이, 감자 브로콜리 덤플링, 로스트 마늘

(11) Procuitto wrapped Tenderloin of Beef, Creamy Potato, Black Sesame seed puree, Glazed carrot roll with Pommery Mustard sauce
포메리 머스터드 소스를 곁들인 프로슈토로 감싼 소 안심, 크리미 감자, 검은깨 퓨레, 글레이즈 당근 롤

(12) Pan Seared Striploin of Beef, Mushroom Risotto, Potato Sweet corn puree, Carrot noodle with Chasseur sauce
샤슈르 소스를 곁들인 소 등심, 버섯 리소또, 감자 옥수수 퓨레, 당근 누들

제 3 장

———

Meat의
조리

1

*Tenderloin of Pork covered Green olive Basil Tapenade,
Fried Polenta Potato, Green Peas Puree, Creamed corn
with Mustard Cream sauce*

겨자 크림소스를 곁들인 그린올리브 바질 타프나드로 덮은 돼지 안심, 폴렌타 감자 튀김, 완두콩 퓌레, 크림드 옥수수

Ingredient list
재료 목록

Pork Tenderloin(돼지 안심) 120g

Thyme(타임) 2sprig

Green Olive(그린 올리브) 30g

Anchovy(앤초비) 10g

Caper(케이퍼) 10g

Basil(바질) 5g

Italian Parsley(이탈리안 파슬리) 2g

Garlic(마늘) 20g

Dijon Mustard(디존 머스터드) 20g

Potato(감자) 60g

Polenta(폴렌타) 30g

Flour(밀가루) 20g

Egg(달걀) 30g

Bread Crumb(빵가루) 20g

Green Peas(완두콩) 50g

Milk(우유) 30ml

Fresh Cream(생크림) 50ml

Nutmeg(넛멕) 2g

Spinach(시금치) 10g

Sweet corn(옥수수) 40g

Onion(양파) 20g

Pommery Mustard(포메리 머스터드) 10g

White wine(화이트와인) 50ml

Demi glace(데미글라스) 30ml

Salad oil(식용유) 100ml

Butter(버터) 60g

Olive oil(올리브 오일) 60ml

Sugar(설탕)

Salt(소금)

Ground Black Pepper(검은 후춧가루)

Cooking utensils and equipment
조리기구

Chef's Knife(칼), Cutting Board(도마), Pot(냄비), China cap(차이나 캡, 체), Ladle(국자), Coating pan(코팅 팬), Bamboo stick(대나무 젓가락), Spatula(스패튤러), Oven pan(오븐팬), Mixing bowl(믹싱볼), Blender(블렌더), Skimmer(스키머), Dishtowel(행주), Measuring cup(계량컵), Thread(조리용 실), Measuring Spoon(계량 스푼), Scale(저울)

Cooking Method
조리 방법

Tenderloin of Pork covered Green olive Basil Tapenade

Ingredient 재료

Pork Tendetloin(돼지 안심) 120g   Italian Parsley(이탈리안 파슬리) 2g
Thyme(타임) 2sprig   Garlic(마늘) 20g
Green Olive(그린 올리브) 30g   Dijon Mustard(디존 머스터드) 20g
Anchovy(앤초비) 10g   Salt(소금)
Caper(케이퍼) 10g   Ground Black Pepper(검은 후춧가루)
Basil(바질) 5g

준비   1   돼지 안심을 손질하여 타임, 다진 마늘, 올리브 오일, 소금, 후추로 마리네이드 한다.
      2   그린올리브, 앤초비, 커이퍼, 바질, 이탈라안 파슬리, 올리브 오일을 넣어 갈아 놓는다.

조리   1   팬에 올리브 오일을 넣고 고기를 시어링하고 170℃ 오븐에 12분간 굽는다.

완성   1   돼지 안심 위에 디존 머스터드를 바르고 그린올리브 바질 타프나드를 올린다.

Fried Polenta Potato

Ingredient 재료

Potato(감자) 60g   Salad oil(식용유) 100ml
Polenta(폴렌타) 30g   Salt(소금)
Flour(밀가루) 20g   Ground Black Pepper(검은 후춧가루)
Egg(달걀) 30g
Nutmeg(넛멕) 2g
Bread Crumb(빵가루) 20g

준비   1   감자의 껍질을 벗겨 놓는다.

조리   1   끓는 물에 소금을 넣고 감자를 삶아 체에 내려 폴렌타, 소금, 후추를 섞어 밀가루, 달걀, 빵가루를 묻혀 기름에 튀긴다.

완성   1   마요네즈를 올리고 바질을 올린다.

Green Peas Puree

Ingredient 재료

Green Peas(완두콩) 50g
Flour(밀가루) 20g
Milk(우유) 30ml
Fresh Cream(생크림) 50ml
Spinach(시금치) 10g
Butter(버터) 60g

Salt(소금)
Ground Black Pepper(검은 후춧가루)

준비　1　시금치를 손질해 놓는다.

조리　1　팬에 버터를 넣고 완두콩을 볶다 밀가루, 우유, 닭육수를 차례로 넣어 풀어주고 시금
치를 넣고 끓여준다.

　　　2　생크림을 넣고 블렌더로 갈아 준다.

완성　1　소금, 후추로 간을 한다.

Creamed corn

Ingredient 재료

Sweet corn(옥수수) 40g
Onion(양파) 20g
Flour(밀가루) 20g
Fresh Cream(생크림) 50ml
Basil(바질) 5g
Butter(버터) 60g

Salt(소금)
Ground Black Pepper(검은 후춧가루)

준비　1　바질은 슬라이스하고 양파는 다져 놓는다.

조리　1　팬에 버터를 넣고 양파를 볶다가 옥수수를 넣어 볶고, 밀가루를 넣고 바질, 생크림을
넣어 준다.

완성　1　소금, 후추로 간을 한다.

Cooking Method
조리 방법

Mustard Cream sauce

Ingredient 재료

Pommery Mustard(포메리 머스터드)   Salt(소금)
    10g   Ground Black Pepper(검은 후춧가루)
Demi glace(데미글라스) 30ml
Onion(양파) 20g
White wine(화이트와인) 50ml
Fresh cream(생크림) 40ml

준비   1   양파를 다져 놓는다.

조리   1   팬에 양파를 넣고 화이트와인을 넣고 반으로 졸인 후 생크림, 포메리 머스터드를 넣고 데미글라스를 넣어 준다.

완성   1   소금, 후추로 간을 한다.

유 의 사 항

○ 조리 순서에 유의한다.
○ 오븐의 온도 및 불을 조절하여 타지 않도록 주의한다.
○ 소스의 농도에 유의한다.

2

Herb Cheese crusted Pork loin stuffed with Dried prune,
Duchess Potato, Mushroom puree, Pineapple Compote
with Lyonnaise sauce

리오네즈 소스를 곁들인 허브치즈 크러스트 건자두로
속을 채운 돼지 등심, 더치 감자, 버섯 퓌레, 파인애플 콩포트

Ingredient list
재료 목록

Pork loin(돼지 등심) 120g
Dry Prune(건자두) 50g
Thyme(타임) 2sprig
Garlic(마늘) 20g
Rosemary(로즈메리) 2sprig
Granapadano Cheese
　(그라나파다노 치즈) 20g
Mozzarella Cheese(모짜렐라 치즈) 20g
Bread Crumb(빵가루) 20g
Dijon Mustard(디존 머스터드) 20g
Potato(감자) 60g
Egg(달걀) 20g
Milk(우유) 40ml
Fresh Cream(생크림) 30ml
Button Mushroom(양송이) 40g

Flour(밀가루) 20g
Pineapple(파인애플) 60g
Basil(바질) 2g
Lemon juice(레몬주스) 20ml
Onion(양파) 30g
Orange juice(오렌지 주스) 50ml
Bay Leaf(월계수 잎) 1pc
Red wine(레드와인) 50ml
Demi glace(데미글라스) 30ml
Butter(버터) 20g
Olive oil(올리브 오일) 30ml
Sugar(설탕)
Salt(소금)
Ground Black Pepper(검은 후춧가루)

Cooking utensils and equipment
조리기구

Chef's Knife(칼), Cutting Board(도마), Pot(냄비), China cap(차이나 캡, 체),
Ladle(국자), Coating pan(코팅 팬), Bamboo stick(대나무 젓가락),
Spatula(스패튤러), Oven pan(오븐팬), Mixing bowl(믹싱볼), Blender(블렌더),
Skimmer(스키머), Dishtowel(행주), Measuring cup(계량컵), Thread(조리용 실),
Measuring Spoon(계량 스푼), Scale(저울)

Cooking Method
조리 방법

Herb Cheese crusted Pork loin stuffed with dried prune

Ingredient 재료

Pork loin(돼지 등심) 120g
Dry Prune(건자두) 50g
Thyme(타임) 2sprig
Garlic(마늘) 20g
Rosemary(로즈메리) 2sprig
Granapadano Cheese
  (그라나파다노 치즈) 20g

Mozzarella Cheese(모짜렐라 치즈)
  20g
Bread Crumb(빵가루) 20g
Dijon Mustard(디존 머스터드) 20g
Salt(소금)
Ground Black Pepper(검은 후춧가루)

준비   1   돼지 등심을 넓게 펴고 칼등으로 두들겨 소금, 후추로 양념한 후 건자두를 넣고 실로 묶어 준다.

         2   타임, 마늘, 로즈메리, 그라나파다노 치즈, 모짜렐라 치즈, 빵가루를 넣고 갈아 준다.

조리   1   돼지 등심을 팬에 버터를 넣고 익힌 후 겨자를 바르고 크러스트를 올린 후 170℃ 오븐에 12분간 구워준다.

완성   1   마요네즈를 올리고 으깬 후추와 타임을 올려 준다.

Duchess Potato

Ingredient 재료

Potato(감자) 60g
Egg(달걀) 20g
Milk(우유) 40ml

Salt(소금)
Ground Black Pepper(검은 후춧가루)

준비   1   감자의 껍질을 벗겨 등분으로 잘라 준다.

조리   1   끓는 물에 소금을 넣고 감자를 삶아 체에 내려준다.

         2   우유와 소금, 후추를 섞어 주고 파이핑 백에 넣어 짜주고 달걀물을 발라 160℃에 6분간 오븐에 구워준다.

완성   1   오븐에서 꺼내 준다.

Mushroom puree

Ingredient 재료

Fresh Cream(생크림) 30ml   Salt(소금)
Onion(양파) 20g   Ground Black Pepper(검은 후춧가루)
Button Mushroom(양송이) 40g
Flour(밀가루) 20g
Butter(버터) 20g

준비   1   양파를 다지고, 양송이를 슬라이스 한다.

조리   1   팬에 버터를 넣고 양파, 양송이를 볶다 밀가루, 생크림을 넣어 익혀준다.

완성   1   소금, 후추로 간을 한다.

Pineapple Compote

Ingredient 재료

Pineapple(파인애플) 60g   Sugar(설탕)
Basil(바질) 2g   Salt(소금)
Lemon juice(레몬주스) 20ml   Ground Black Pepper(검은 후춧가루)
Onion(양파) 30g
Orange juice(오렌지 주스) 50ml

준비   1   파인애플을 스몰다이스로 썰고 바질은 슬라이스 한다.

조리   1   팬에 오렌지주스, 설탕, 양파, 레몬주스, 파인애플을 넣고 졸여 준다.

완성   1   소금, 후추로 간을 한다.

Cooking Method
조리 방법

Lyonnaise sauce

Ingredient 재료

Onion(양파) 30g
Bay Leaf(월계수 잎) 1pc
Demi glace(데미글라스) 30ml
Butter(버터)20g
Red wine(레드와인) 50ml

Salt(소금)
Ground Black Pepper(검은 후춧가루)

준비 1 양파를 얇게 슬라이스 한다.

조리 1 팬에 버터를 넣고 양파를 볶다 레드와인를 넣고 반으로 졸인 후 데미글라스를 넣고
월계수 잎을 넣어 준다.

완성 1 월계수 잎을 꺼내고 소금, 후추로 간을 한다.

┌─ 유 의 사 항 ──────────────────────────────────┐
○ 조리 순서에 유의한다.
○ 오븐의 온도 및 불을 조절하여 타지 않도록 주의한다.
○ 소스의 농도에 유의한다.
└──┘

3

Roasted Pork Tenderloin filled Shiitake Mushroom Roulade, Sweet potato puree, Pan fried polenta, Glazed Apple with Madeira sauce

마데이라 소스를 곁들인 표고버섯으로 속을 채운
돼지 안심, 고구마 퓌레, 폴렌타, 글레이즈 사과

Ingredient list
재료 목록

Pork Tenderloin(돼지 안심) 120g
Shiitake Mushroom(표고버섯) 30g
Garlic(마늘) 30g
Thyme(타임) 2sprig
Rosemary(로즈메리) 2sprig
Fresh Cream(생크림) 60ml
Egg(달걀) 20g
Sweet Potato(고구마) 60g
Milk(우유) 50ml
Polenta(폴렌타) 30g
Italian Parsley(이탈리아 파슬리) 2g

Apple(사과) 1/6pc
Orange Juice(오렌지 주스) 50ml
Demi glace(데미글라스) 30ml
Madeira wine(마데이라 와인) 50ml
Shallot(샬롯) 1pc
Butter(버터) 20g
Olive oil(올리브 오일) 30ml
Sugar(설탕)
Salt(소금)
Ground Black Pepper(검은 후춧가루)

**Cooking
utensils and
equipment**
조리기구

Chef's Knife(칼), Cutting Board(도마), Pot(냄비), China cap(차이나 캡, 체),
Ladle(국자), Coating pan(코팅 팬), Bamboo stick(대나무 젓가락),
Spatula(스패튤러), Oven pan(오븐팬), Mixing bowl(믹싱볼), Blender(블렌더),
Skimmer(스키머), Dishtowel(행주), Measuring cup(계량컵), Thread(조리용 실),
Measuring Spoon(계량 스푼), Scale(저울)

Cooking Method
조리 방법

Roasted Pork Tenderloin filled Shiitake Mushroom Roulade

Ingredient 재료

Pork Tenderloin(돼지 안심) 120g   Salt(소금)
Shiitake Mushroom(표고버섯) 30g   Ground Black Pepper(검은 후춧가루)
Garlic(마늘) 30g
Thyme(타임) 2sprig
Rosemary(로즈메리) 2sprig
Olive oil(올리브 오일) 30ml

준비	1	끓는 물에 소금을 넣고 표고버섯을 삶은 후 안쪽을 제거한다.
	2	돼지 안심을 넓게 펴고 다진 마늘, 타임, 로즈메리, 소금, 후추로 간을 한 후 표고버섯을 넣고 말아 실로 묶어 준다.
조리	1	실을 제거한 후 팬에 올리브 오일을 넣고 시어링 한 후 170℃ 오븐에 12분간 구워준다.
완성	1	겨자를 바르고 타임을 올린다.

Sweet potato puree

Ingredient 재료

Sweet Potato(고구마) 60g   Salt(소금)
Milk(우유) 50ml   Ground Black Pepper(검은 후춧가루)
Butter(버터) 20g

준비	1	고구마 껍질을 벗기고 작게 잘라 놓는다.
조리	1	끓는 소금물에 고구마를 넣고 삶아 체에 내려 버터, 우유, 소금, 후추를 넣고 섞어 준다.
완성	1	사워크림을 올려준다.

Pan fried polenta

Ingredient 재료

Polenta(폴렌타) 30g	Salt(소금)
Italian Parsley(이탈리아 파슬리) 2g	Ground Black Pepper(검은 후춧가루)
Egg(달걀) 20g	
Milk(우유) 50ml	

준비	1	파슬리를 다져 놓는다.
조리	1	팬에 우유를 넣고 폴렌타 가루를 볶다 달걀, 파슬리, 소금, 후추를 섞어 준다.
	2	원형 몰드에 굳혀 버터를 넣고 구워준다.
완성	1	마요네즈를 뿌리고 타임을 올려 준다.

Glazed Apple

Ingredient 재료

Apple(사과) 1/6pc
Orange Juice(오렌지 주스) 50ml
Sugar(설탕)
Salt(소금)
Ground Black Pepper(검은 후춧가루)

준비	1	사과를 원형 몰드로 찍어 준다.
조리	1	팬에 설탕, 사과, 오렌지주스를 넣고 졸여준다.
완성	1	소금, 후추로 간을 한다.

Cooking Method
조리 방법

Madeira sauce

Ingredient 재료

Demi glace(데미글라스) 30ml   Salt(소금)

Madeira wine(마데이라 와인) 50ml   Ground Black Pepper(검은 후춧가루)

Shallot(샬롯) 1pc

Butter(버터) 20g

준비   1   샬롯을 다져 놓는다.

조리   1   팬에 버터를 넣고 샬롯을 볶다 마데이라 와인을 넣고 반으로 졸인 후 데미글라스 넣고 체에 걸러 준다.

완성   1   소금, 후추로 간을 한다.

┌─ 유 의 사 항 ─
│
│ ○ 조리 순서에 유의한다.
│ ○ 오븐의 온도 및 불을 조절하여 타지 않도록 주의한다.
│ ○ 소스의 농도에 유의한다.
└

4

Grilled Tenderloin of Pork, Pork Purse in Vegetable, Potato Timbal, Leek Puree, Grilled Eggplant with Mushroom sauce

버섯소스를 곁들인 돼지 안심, 채소로 속을 채운
돼지고기, 감자 팀발, 대파 퓌레, 가지 구이

Ingredient list
재료 목록

Pork Tenderloin(돼지 안심) 100g	Fresh Cream(생크림) 50ml
Thin Sliced Pork belly(대패삼겹살) 30g	Button Mushroom(양송이) 30g
Pork loin(돼지 등심) 60g	Demi glace(데미글라스) 30ml
Garlic(마늘) 20g	Shallot(샬롯) 1pc
Thyme(타임) 2sprig	Nutmeg(넛멕) 2g
Rosemary(로즈메리) 2sprig	Winter Mushroom(팽이버섯) 30g
Squash(애호박) 30g	Sherry(쉐리와인) 50ml
Carrot(당근) 30g	Eggplant(가지) 30g
Onion(양파) 30g	Dijon mustard(디존 머스터드) 20ml
Potato(감자) 60g	Butter(버터) 20g
Flour(밀가루) 20g	Olive oil(올리브 오일) 30ml
Leek(대파) 40g	Sugar(설탕)
Milk(우유) 50ml	Salt(소금)

**Cooking
utensils and
equipment**
조리기구

Chef's Knife(칼), Cutting Board(도마), Pot(냄비), China cap(차이나 캡, 체),
Ladle(국자), Coating pan(코팅 팬), Bamboo stick(대나무 젓가락),
Spatula(스패튤러), Oven pan(오븐팬), Mixing bowl(믹싱볼), Blender(블렌더),
Skimmer(스키머), Dishtowel(행주), Measuring cup(계량컵), Thread(조리용 실),
Measuring Spoon(계량 스푼), Scale(저울)

Cooking Method
조리 방법

Grilled Tenderloin of Pork

Ingredient 재료

Pork Tenderloin(돼지 안심) 100g   Salt(소금)
Thin Sliced Pork belly(대패삼겹살)   Ground Black Pepper(검은 후춧가루)
    30g
Garlic(마늘) 20g
Thyme(타임) 2sprig
Rosemary(로즈메리) 2sprig

준비   1   마늘, 타임, 로즈메리를 다져 놓는다.

     2   돼지 안심에 마늘, 타임, 로즈메리, 소금, 후추로 마리네이드 하고 대패삼겹살로 말아 실로 묶어 준다.

조리   1   팬에 올리브 오일을 넣고 구워 준다.

완성   1   실을 제거하고 타임을 올려준다.

Pork in Vegetable

Ingredient 재료

Pork loin(돼지 등심) 60g   Onion(양파) 30g
Garlic(마늘) 20g   Salt(소금)
Thyme(타임) 2sprig   Ground Black Pepper(검은 후춧가루)
Rosemary(로즈메리) 2sprig
Squash(애호박) 30g
Carrot(당근) 30g

준비   1   타임, 로즈메리를 다지고 애호박, 당근, 양파를 채 썰어 놓는다.

     2   돼지 등심은 두들겨 넓게 펴고 소금, 후추를 뿌려준다.

조리   1   팬에 버터를 넣고 애호박, 당근, 양파를 볶다 소금, 후추로 간을 한다.

     2   넓게 편 돼지 등심 속에 볶은 채소를 넣고 실로 묶어 준 후 구워 준다.

완성   1   실을 제거하고 고기 위에 타임을 꽂아 준다.

Potato Timbal

Ingredient 재료

Potato(감자) 60g
Flour(밀가루) 20g
Butter(버터) 20g

Salt(소금)
Ground Black Pepper(검은 후춧가루)

준비   1   감자를 채 썰어 찬물에 담가 놓는다.

조리   1   팬에 버터를 넣고 감자를 볶다 밀가루를 넣고 물을 넣어 익혀준다.

완성   1   소금, 후추로 간을 하고 몰드에 모양을 잡는다.

Leek Puree

Ingredient 재료

Leek(대파) 40g
Milk(우유) 50ml
Fresh Cream(생크림) 50ml
Flour(밀가루) 20g
Butter(버터) 20g

Salt(소금)
Ground Black Pepper(검은 후춧가루)

준비   1   대파를 슬라이스 한다.

조리   1   팬에 버터를 넣고 대파를 볶다 밀가루를 볶고 우유, 생크림을 넣어 끓으면 블렌더에
갈아 체에 내려 준다.

완성   1   소금, 후추로 간을 한다.

4

Cooking Method
조리 방법

Grilled Eggplant

Ingredient 재료

Eggplant(가지) 30g
Olive oil(올리브오일) 30ml
Thyme(타임) 2g
Garlic(마늘) 5g

Salt(소금)
Ground Black Pepper(검은 후춧가루)

준비 1 가지를 5cm 길이로 넓게 썰어 준다.

조리 1 가지를 올리브 오일, 다진 타임, 다진 마늘로 마리네이드 하여 팬에 구워준다.

완성 1 소금, 후추로 간을 한다.

Mushroom sauce

Ingredient 재료

Fresh Cream(생크림) 50ml
Button Mushroom(양송이) 30g
Demi glace(데미글라스) 30ml
Shallot(샬롯) 1pc
Butter(버터) 20g

Salt(소금)
Ground Black Pepper(검은 후춧가루)

준비 1 샬롯은 다지고 양송이는 슬라이스 한다.

조리 1 팬에 버터를 넣고 샬롯을 볶다 양송이를 볶고 생크림으로 졸여 준다.

  2 데미글라스를 넣어 준다.

완성 1 소금, 후추로 간을 한다.

───── 유 의 사 항 ─────

○ 조리 순서에 유의한다.
○ 오븐의 온도 및 불을 조절하여 타지 않도록 주의한다.
○ 소스의 농도에 유의한다.

5

Mint Garlic crusted Rack of Lamb, Gratin Potato,
Pear Onion puree, Tomato Chutney with
Mint Port wine sauce

민트 포트와인 소스를 곁들인 민트 마늘 크러스트 양갈비, 그라틴 감자, 배 양파 퓌레, 토마토 처트니

Ingredient list
재료 목록

Lamb Rack(양갈비) 140g
Apple Mint(애플 민트) 2g
Garlic(마늘) 20g
Bread Crumb(빵가루) 20g
Thyme(타임) 2sprig
Dijon Mustard(디존 머스터드) 20g
Potato(감자) 60g
Granapadano(그라나파다노 치즈) 20g
Mozzarella Cheese(모짜렐라 치즈) 20g
Nutmeg(넛멕) 2g
Milk(우유) 50ml
Fresh Cream(생크림) 60ml
Onion(양파) 20g
Pear(배) 40g

Flour(밀가루) 20g
Tomato(토마토) 1/6pc
Orange juice(오렌지 주스) 50ml
Oregano(오레가노) 2g
Honey(꿀) 30ml
Basil(바질) 2g
Port wine(포트와인) 50ml
Demi glace(데미글라스) 30ml
Butter(버터) 20g
Olive oil(올리브 오일) 30ml
Sugar(설탕)
Salt(소금)
Ground Black Pepper(검은 후춧가루)

Cooking utensils and equipment
조리기구

Chef's Knife(칼), Cutting Board(도마), Pot(냄비), China cap(치이니 캡, 체), Ladle(국자), Coating pan(코팅 팬), Bamboo stick(대나무 젓가락), Spatula(스패튤러), Oven pan(오븐팬), Mixing bowl(믹싱볼), Blender(블렌더), Skimmer(스키머), Dishtowel(행주), Measuring cup(계량컵), Thread(조리용 실), Measuring Spoon(계량 스푼), Scale(저울)

Cooking Method
조리 방법

Mint Garlic crusted Rack of Lamb

Ingredient 재료

Lamb Rack(양갈비) 140g

Apple Mint(애플 민트) 2g

Garlic(마늘) 20g

Bread Crumb(빵가루) 20g

Thyme(타임) 2sprig

Dijon Mustard(디존 머스터드) 20g

Olive oil(올리브 오일) 30ml

Salt(소금)

Ground Black Pepper(검은 후춧가루)

준비 1 마늘, 빵가루, 민트, 타임을 넣고 갈아 준다.

2 양갈비에 소금, 후추로 마리네이드 한다.

조리 1 팬에 올리브 오일을 넣고 양갈비를 시어링 한 후 디존 머스터드를 바르고 크러스트를 올린 후 170℃에 8분간 구워 준다.

완성 1 사워크림을 올린 후 타임을 올려 준다.

Gratin Potato

Ingredient 재료

Potato(감자) 60g

Granapadano(그라나파다노 치즈) 20g

Mozzarella Cheese(모짜렐라 치즈) 20g

Nutmeg(넛멕) 2g

Milk(우유) 50ml

Fresh Cream(생크림) 60ml

Salt(소금)

Ground Black Pepper(검은 후춧가루)

준비 1 감자를 얇게 기계로 밀어준다.

2 우유, 생크림, 넛멕, 소금, 후추를 섞어 감자를 담가 놓는다.

조리 1 틀에 버터를 바르고 감자, 치즈, 감자, 치즈의 순으로 반복하여 눌러 준 후 치즈를 올려 160℃에 25분간 구워 준다.

완성 1 식힌 후 몰드로 찍어 낸다.

Pear Onion puree

Ingredient 재료

Milk(우유) 50ml
Fresh Cream(생크림) 60ml
Onion(양파) 20g
Pear(배) 40g
Flour(밀가루) 20g

Salt(소금)
Ground Black Pepper(검은 후춧가루)

준비　1　배와 양파를 슬라이스 한다.

조리　1　팬에 버터를 넣고 양파, 배를 볶다 밀가루를 넣고 우유, 생크림으로 풀어 준 후 블렌더에 갈아 체에 내려 준다.

완성　1　소금, 후추로 간을 한다.

Tomato Chutney

Ingredient 재료

Tomato(토마토) 1/6pc
Orange juice(오렌지 주스) 50ml
Oregano(오레가노) 2g
Honey(꿀) 30ml
Basil(바질) 2g

Salt(소금)
Ground Black Pepper(검은 후춧가루)

준비　1　오레가노, 바질은 슬라이스 하고 토마토 콩카세를 준비한다.

조리　1　팬에 오렌지 주스, 오레가노, 바질, 꿀을 넣고 토마토 콩카세를 넣고 졸여 준다.

완성　1　소금, 후추로 간을 한다.

5

Cooking Method
조리 방법

Mint Port wine sauce

Ingredient 재료

Apple Mint(애플 민트) 2g   Salt(소금)

Port wine(포트와인) 50ml   Ground Black Pepper(검은 후춧가루)

Demi glace(데미글라스) 30ml

Butter(버터) 20g

준비   1   민트를 슬라이스 한다.

조리   1   팬에 포트와인을 넣고 반을 졸인 후 데미글라스를 넣고 민트를 넣어 준다.

완성   1   소금, 후추로 간을 한다.

─ 유 의 사 항 ─

○ 조리 순서에 유의한다.

○ 오븐의 온도 및 불을 조절하여 타지 않도록 주의한다.

○ 소스의 농도에 유의한다.

6

Roasted Leg of Lamb, Dauphinoise Potato, Braised Red cabbage, Dried Cherry Tomato with Robert sauce

로베르트 소스를 곁들인 양 다리, 돌피노아즈 감자, 브레이즈 적양배추, 드라이 방울토마토

Ingredient list
재료 목록

Lamb leg(양 다리) 120g
Bacon(베이컨) 30g
Cajun Spice(케이준 스파이스) 20g
Garlic(마늘) 20g
Mint(민트) 2g
Thyme(타임) 2sprig
Rosemary(로즈메리) 2sprig
Potato(감자) 60g
Milk(우유) 50ml
Mozzarella Cheese(모짜렐라 치즈) 50g
Nutmeg(넛멕) 2g
Fresh cream(생크림) 60ml
Red Cabbage(적양배추) 40g

Red wine(레드와인) 60ml
Bay Leaf(월계수 잎) 1pc
Cherry Tomato(방울토마토) 2pcs
Eggplant(가지) 30g
Demi glace(데미글라스) 40ml
Onion(양파) 20g
Mustard Powder(겨잣가루) 5g
Lemon juice(레몬주스) 10ml
Butter(버터) 20g
Olive oil(올리브 오일) 30ml
Sugar(설탕)
Salt(소금)
Ground Black Pepper(검은 후춧가루)

**Cooking
utensils and
equipment**
조리기구

Chef's Knife(칼), Cutting Board(도마), Pot(냄비), China cap(차이나 캡, 체),
Ladle(국자), Coating pan(코팅 팬), Bamboo stick(대나무 젓가락),
Spatula(스패튤러), Oven pan(오븐팬), Mixing bowl(믹싱볼), Blender(블렌더),
Skimmer(스키머), Dishtowel(행주), Measuring cup(계량컵), Thread(조리용 실),
Measuring Spoon(계량 스푼), Scale(저울)

Cooking Method
조리 방법

Roasted Leg of Lamb

Ingredient 재료

Lamb leg(양 다리) 120g
Bacon(베이컨) 30g
Cajun Spice(케이준 스파이스) 20g
Garlic(마늘) 20g
Mint(민트) 2g
Thyme(타임) 2sprig

Rosemary(로즈메리) 2sprig
Salt(소금)
Ground Black Pepper(검은 후춧가루)

준비　1　마늘, 민트, 타임, 로즈메리을 다져 놓는다.

　　　　2　양 다리는 마늘, 민트, 타임, 로즈메리, 소금, 후추로 마리네이드하고 베이컨으로 감싸 실로 묶어 준다.

조리　1　팬에 올리브 오일을 넣고 시어링 한 후 170℃에 12분간 구워준다.

완성　1　케이준 스파이스를 묻혀 타임을 올려 준다.

Dauphinoise Potato

Ingredient 재료

Potato(감자) 60g
Milk(우유) 50ml
Mozzarella Cheese(모짜렐라 치즈)
　　50g
Nutmeg(넛멕) 2g
Fresh cream(생크림) 60ml

Salt(소금)
Ground Black Pepper(검은 후춧가루)

준비　1　감자를 원형으로 찍고 얇게 썰어 우유, 생크림, 소금, 후추를 넣어 담가 놓는다.

조리　1　몰드에 감자를 놓고 치즈를 덮어 160℃에 20분간 구워 준다.

완성　1　사워크림을 올리고 타임을 올려준다.

Braised Red cabbage

Ingredient 재료

Red Cabbage(적양배추) 40g   Salt(소금)
Red wine(레드와인) 60ml   Ground Black Pepper(검은 후춧가루)
Bay Leaf(월계수 잎) 1pc
Sugar(설탕)

준비   1   적양배추를 얇게 썰어 놓는다.

조리   1   팬에 레드와인, 설탕, 물, 적양배추를 넣고 졸여 준다.

완성   1   소금, 후추로 간을 한다.

Dried Cherry Tomato

Ingredient 재료

Cherry Tomato(방울토마토) 2pcs   Salt(소금)
Olive oil(올리브 오일) 30ml   Ground Black Pepper(검은 후춧가루)
Garlic(마늘) 20g

준비   1   방울토마토를 반으로 자르고 마늘을 슬라이스 한다.

조리   1   오븐 팬에 방울토마토 올리고 올리브 오일을 뿌린 후 마늘을 올려 160℃에 10분간 구워 준다.

완성   1   소금, 후추로 간을 한다.

Cooking Method
조리 방법

___

Robert sauce

Ingredient 재료

Demi glace(데미글라스) 40ml   Salt(소금)
Red wine(레드와인) 50ml   Ground Black Pepper(검은 후춧가루)
Onion(양파) 20g
Mustard Powder(겨잣가루) 5g
Lemon juice(레몬주스) 10ml
Butter(버터) 20g

준비 1 양파를 슬라이스 한다.

조리 1 팬에 버터를 넣고 양파를 볶다 레드와인을 넣고 반으로 졸인 후 데미글라스, 겨잣가루, 레몬주스를 넣고 체에 내려 준다.

완성 1 소금, 후추로 간을 한다.

┌─ 유 의 사 항 ─
○ 조리 순서에 유의한다.
○ 오븐의 온도 및 불을 조절하여 타지 않도록 주의한다.
○ 소스의 농도에 유의한다.

7

*Mustard Seed Garlic Crusted Lamb loin,
Croquette Potato, Vegetable Galette, Mint cream with
Bretonne sauce*

브레토네 소스를 곁들인 겨자씨 마늘 크러스트 양 등심, 크로켓 감자, 베지터블 가레트, 민트 크림

Ingredient list 재료 목록	Lamb loin(양 등심) 120g
	Thin sliced Beef(우삼겹) 40g
	Garlic(마늘) 30g
	Thyme(타임) 2sprig
	Rosemary(로즈메리) 2sprig
	Dijon Mustard(디존 머스터드) 20g
	Potato(감자) 60g
	Flour(밀가루) 20g
	Egg(달걀) 20g
	Bread crumb(빵가루) 30g
	Onion(양파) 30g
	Squash(애호박) 30g
	Eggplant(가지) 30g

Carrot(당근) 30g
Mint(민트) 2g
Mint jelly(민트젤리) 20g
Fresh Cream(생크림) 50ml
Demi glace(데미글라스) 30ml
White wine(화이트와인) 40ml
Italian Parsley(이탈리아 파슬리) 5g
Tomato(토마토) 1/6pc
Butter(버터) 20g
Olive oil(올리브 오일) 30ml
Sugar(설탕)
Salt(소금)
Ground Black Pepper(검은 후춧가루)

Cooking utensils and equipment
조리기구

Chef's Knife(칼), Cutting Board(도마), Pot(냄비), China cap(차이나 캡, 체), Ladle(국자), Coating pan(코팅 팬), Bamboo stick(대나무 젓가락), Spatula(스패튤러), Oven pan(오븐팬), Mixing bowl(믹싱볼), Blender(블렌더), Skimmer(스키머), Dishtowel(행주), Measuring cup(계량컵), Thread(조리용 실), Measuring Spoon(계량 스푼), Scale(저울)

Cooking Method
조리 방법

Mustard Seed Garlic Crusted Lamb loin

Ingredient 재료

Lamb loin(양 등심) 120g	Salt(소금)
Thin sliced Beef(우삼겹) 40g	Ground Black Pepper(검은 후춧가루)
Garlic(마늘) 30g	
Thyme(타임) 2sprig	
Rosemary(로즈메리) 2sprig	
Dijon Mustard(디존 머스터드) 20g	

준비

1 마늘, 타임, 로즈메리를 다져 놓는다.

2 양 등심에 마늘, 타임, 로즈메리, 소금, 후추로 마리네이드 하고 우삼겹으로 감싸 실로 묶어 준다.

조리

1 팬에 올리브 오일을 넣고 시어링 한 후 170℃에 8분간 구워 준다.

2 다진 마늘을 기름에 튀겨 준다.

완성

1 고기의 실을 제거한 후 디존 머스터드를 바르고 마늘 크러스트를 올려 준다.

Croquette Potato

Ingredient 재료

Potato(감자) 60g	Salt(소금)
Flour(밀가루) 20g	Ground Black Pepper(검은 후춧가루)
Egg(달걀) 20g	
Bread crumb(빵가루) 30g	

준비

1 감자의 껍질을 제거하고 작게 잘라 놓는다.

조리

1 끓는 물에 소금을 넣고 삶아 체에 내려 준 후 동그랗게 뭉쳐 밀가루, 달걀, 빵가루를 묻혀 기름에 튀겨 낸다.

완성

1 마요네즈를 올리고 타임을 올린다.

Vegetable Galette

Ingredient 재료

Onion(양파) 30g

Squash(애호박) 30g

Eggplant(가지) 30g

Carrot(당근) 30g

Flour(밀가루) 20g

Egg(달걀) 20g

Salt(소금)

Ground Black Pepper(검은 후춧가루)

준비　1　양파, 애호박, 가지, 당근을 채 썰어 밀가루, 달걀, 소금, 후추를 넣어 반죽한다.

조리　1　팬에 올리브 오일을 넣고 구워 낸다.

완성　1　원하는 모양으로 잘라 사용한다.

Mint cream

Ingredient 재료

Mint(민트) 2g

Mint jelly(민트젤리) 20g

Fresh Cream(생크림) 50ml

Flour(밀가루) 20g

Butter(버터) 20g

Salt(소금)

Ground Black Pepper(검은 후춧가루)

준비　1　민트를 슬라이스 한다.

조리　1　팬에 버터를 넣고 밀가루를 볶다 생크림을 넣고 민트, 민트젤리를 넣고 블렌더에 갈아 준다.

완성　1　소금, 후추로 간을 한다.

7

Cooking Method
조리 방법

Bretonne sauce

Ingredient 재료

Demi glace(데미글라스) 30ml
White wine(화이트와인) 40ml
Italian Parsley(이탈리아 파슬리) 5g
Tomato(토마토) 1/6pc
Butter(버터) 20g

준비   1   이탈리안 파슬리를 다지고 토마토는 콩카세 한다.

조리   1   팬에 화이트와인를 넣고 반으로 졸인 후 데미글라스를 넣고 토마토, 파슬리를 넣어
         준다.

완성   1   소금, 후추로 간을 한다.

┌─ 유 의 사 항 ─────────────────────────

○ 조리 순서에 유의한다.
○ 오븐의 온도 및 불을 조절하여 타지 않도록 주의한다.
○ 소스의 농도에 유의한다.

8

Grilled Tenderloin of Beef, Anna Potato, Red Onion Chutney, Mushroom Ragout with Red wine sauce

레드와인 소스를 곁들인 소 안심, 안나 포테이토, 적양파 처트니, 버섯 라구

Ingredient list
재료 목록

Beef Tenderloin(소 안심) 120g	Flour(밀가루) 20g
Thyme(타임) 2sprig	Milk(우유) 50ml
Garlic(마늘) 20g	Fresh Cream(생크림) 50ml
Rosemary(로즈메리) 2sprig	Onion(양파) 20g
Italian Parsley(이탈리아 파슬리) 5g	Red wine(레드와인) 50ml
Bread crumb(빵가루) 20g	Shallot(샬롯) 1pc
Dijon Mustard(디존 머스터드) 20g	Demi glace(데미글라스) 30ml
Potato(감자) 60g	Asparagus(아스파라거스) 1pc
Red Onion(적양파) 30g	Butter(버터) 20g
Orange juice(오렌지 주스) 50ml	Olive oil(올리브 오일) 30ml
Oregano(오레가노) 2sprig	Sugar(설탕)
Honey(꿀) 20ml	Salt(소금)
Button Mushroom(양송이) 30g	Ground Black Pepper(검은 후춧가루)

Cooking utensils and equipment
조리기구

Chef's Knife(칼), Cutting Board(도마), Pot(냄비), China cap(차이나 캡, 체), Ladle(국자), Coating pan(코팅 팬), Bamboo stick(대나무 젓가락), Spatula(스패튤러), Oven pan(오븐팬), Mixing bowl(믹싱볼), Blender(블렌더), Skimmer(스키머), Dishtowel(행주), Measuring cup(계량컵), Thread(조리용 실), Measuring Spoon(계량 스푼), Scale(저울)

Cooking Method
조리 방법

Grilled Tenderloin of Beef

Ingredient 재료

Beef Tenderloin(소 안심) 120g   Dijon Mustard(디존 머스터드) 20g
Thyme(타임) 2sprig   Salt(소금)
Garlic(마늘) 20g   Ground Black Pepper(검은 후춧가루)
Rosemary(로즈메리) 2sprig
Italian Parsley(이탈리아 파슬리) 5g
Bread crumb(빵가루) 20g

준비	1	타임, 마늘을 다져 소 안심에 소금, 후추로 마리네이드 한다.
	2	타임, 마늘, 로즈메리, 파슬리, 빵가루를 갈아 놓는다.
조리	1	팬에 올리브 오일을 넣고 고기를 익혀 준다.
	2	팬에 버터를 넣고 크러스트를 익혀 준다.
완성	1	디존 머스터드를 바르고 크러스트를 묻혀 준다.

Anna Potato

Ingredient 재료

Potato(감자) 60g
Butter(버터) 20g
Salt(소금)
Ground Black Pepper(검은 후춧가루)

준비	1	감자를 동전모양으로 잘라 얇게 썰어 놓는다.
조리	1	끓는 소금물에 삶아 놓는다.
	2	몰드에 층층으로 쌓아 버터를 올리고 160℃에 12분간 구워 준다.
완성	1	소금, 후추로 간을 한다.

Red Onion Chutney

Ingredient 재료

Red Onion(적양파) 30g　　　　　　Salt(소금)
Orange juice(오렌지 주스) 50ml　　Ground Black Pepper(검은 후춧가루)
Oregano(오레가노) 2sprig
Honey(꿀) 20ml

준비　1　적양파를 슬라이스한다.

조리　1　오렌지 주스, 오레가노, 꿀, 적양파를 넣고 졸여준다.

완성　1　소금, 후추로 간을 한다.

Mushroom Ragout

Ingredient 재료

Button Mushroom(양송이) 30g　　Salt(소금)
Flour(밀가루) 20g　　　　　　　　Ground Black Pepper(검은 후춧가루)
Onion(양파) 20g
Milk(우유) 50ml
Fresh Cream(생크림) 50ml

준비　1　양파, 양송이를 미디엄 다이스로 잘라 놓는다.

조리　1　팬에 버터를 넣고 양파, 양송이를 볶다 밀가루, 우유를 넣고 소금, 후추로 간을 한다.

완성　1　몰드에 채워 빼내 준다.

8

Cooking Method
조리 방법

Red wine sauce

Ingredient 재료

Shallot(샬롯) 1pc   Salt(소금)
Red wine(레드와인) 50ml   Ground Black Pepper(검은 후춧가루)
Demi glace(데미글라스) 30ml
Thyme(타임) 1sprig
Butter(버터) 20g

준비   1   샬롯을 슬라이스 한다.

조리   1   팬에 버터를 넣고 샬롯을 볶다 레드와인를 넣고 반으로 졸여 준 후 데미글라스, 타임을 넣고 체에 걸러 준다.

완성   1   소금, 후추로 간을 한다.

┌─ 유 의 사 항 ─
│ ○ 조리 순서에 유의한다.
│ ○ 오븐의 온도 및 불을 조절하여 타지 않도록 주의한다.
│ ○ 소스의 농도에 유의한다.
└

9

Beef Wellington, Potato cake, Chick peas puree,
Ratatouille with Rosemary sauce

로즈메리 소스를 곁들인 비프 웰링톤, 감자케이크, 병아리콩 퓌레, 라타뚜이

Ingredient list
재료 목록

Beef Tenderloin(소 안심) 100g
Procuitto(프로슈토) 40g
Button Mushroom(양송이) 60g
Fresh cream(생크림) 50ml
Onion(양파) 40g
Spinach(시금치) 20g
Puff Dough(퍼프 도우) 80g
Potato(감자) 60g
Egg(달걀) 20g
Flour(밀가루) 20g
Thyme(타임) 2sprig
Garlic(마늘) 20g
Chick peas(병아리콩) 50g
Milk(우유) 50ml
Squash(애호박) 30g

Eggplant(가지) 20g
Green pimento(청피망) 20g
Cherry Tomato(방울토마토) 2pcs
Tomato Paste(토마토 페이스트) 30g
Granapadano Cheese(그라나파다노 치즈) 20g
Rosemary(로즈메리) 2sprig
Demi glace(데미글라스) 30ml
Red wine(레드와인) 50ml
Butter(버터) 20g
Olive oil(올리브 오일)
Sugar(설탕)
Salt(소금)
Ground Black Pepper(검은 후춧가루)

Cooking utensils and equipment
조리기구

Chef's Knife(칼), Cutting Board(도마), Pot(냄비), China cap(차이나 캡, 체), Ladle(국자), Coating pan(코팅 팬), Bamboo stick(대나무 젓가락), Spatula(스패튤러), Oven pan(오븐팬), Mixing bowl(믹싱볼), Blender(블렌더), Skimmer(스키머), Dishtowel(행주), Measuring cup(계량컵), Thread(조리용 실), Measuring Spoon(계량 스푼), Scale(저울)

Cooking Method
조리 방법

Beef Wellington

Ingredient 재료

Beef Tenderloin(소 안심) 100g   Puff Dough(퍼프 도우) 80g
Procuitto(프로슈토) 40g   Thyme(타임) 2sprig
Button Mushroom(양송이) 60g   Salt(소금)
Fresh cream(생크림) 50ml   Ground Black Pepper(검은 후춧가루)
Onion(양파) 40g
Spinach(시금치) 20g

준비 1 양파, 버섯을 다져 놓는다.

       2 소 안심에 다진 마늘, 타임, 소금, 후추로 마리네이드 해 놓는다.

조리 1 팬에 올리브 오일을 넣고 고기를 시어링 해 놓는다

       2 팬에 버터를 넣고 양파, 양송이를 볶다 생크림을 넣고 소금, 후추로 간을 한다.

       3 시금치는 끓는 소금물에 데쳐 놓는다.

       4 프로슈토를 놓고 시금치를 깔고 버섯 뒥셀을 올리고 안심을 놓고 감싼 다음 퍼프 도우에 감싸 버터를 바르고 170℃에 10분간 구워 준다.

완성 1 사워크림을 올리고 타임을 올려 준다.

Potato cake

Ingredient 재료

Potato(감자) 60g   Salt(소금)
Egg(달걀) 20g   Ground Black Pepper(검은 후춧가루)
Flour(밀가루) 20g

준비 1 감자를 슬라이스 한다.

조리 1 끓는 물에 감자를 삶아 체에 내린 후 달걀, 밀가루, 소금, 후추를 섞어 버터를 바른 몰드에 채워 160℃에 8분간 구워 준다.

완성 1 사워크림을 올려 준다.

Chick peas puree

Ingredient 재료

Chick peas(병아리콩) 50g
Milk(우유) 50ml
Flour(밀가루) 20g
Butter(버터) 20g

Salt(소금)
Ground Black Pepper(검은 후춧가루)

준비 1 삶은 병아리콩을 준비한다.

조리 1 팬에 버터를 넣고 병아리콩을 볶다 우유를 넣고 익혀 준 후 블렌더에 갈아 체에 내려 놓는다.

완성 1 소금, 후추로 간을 한다.

Ratatouille

Ingredient 재료

Squash(애호박) 30g
Eggplant(가지) 20g
Green pimento(청피망) 20g
Cherry Tomato(방울토마토) 2pcs
Tomato Paste(토마토 페이스트) 30g
Granapadano Cheese(그라나파다노
     치즈) 20g

Butter(버터) 20g
Salt(소금)
Ground Black Pepper(검은 후춧가루)

준비 1 채소를 스몰다이스 사이즈로 잘라 준다.

조리 1 팬에 버터를 넣고 채소를 볶다 토마토 페이스트를 넣고 볶다 치즈를 넣어 준다.

완성 1 소금, 후추로 간을 한다.

Cooking Method
조리 방법

Rosemary sauce

Ingredient 재료

Rosemary(로즈메리) 2sprig   Salt(소금)
Demi glace(데미글라스) 30ml   Ground Black Pepper(검은 후춧가루)
Red wine(레드와인) 50ml
Butter(버터) 20g

준비   1   로즈메리를 다져 놓는다.

조리   1   팬에 레드와인을 넣고 반으로 졸인 후 데미글라스를 넣고 체에 걸러 준다.

완성   1   로즈메리, 소금, 후추로 간을 한다.

┌─ 유 의 사 항 ─
│ ○ 조리 순서에 유의한다.
│ ○ 오븐의 온도 및 불을 조절하여 타지 않도록 주의한다.
│ ○ 소스의 농도에 유의한다.
└

10

Pie of Beef, Potato Broccoli dumpling, Mushroom Duxelles,
Roasted Garlic with Orange Tarragon sauce

오렌지 타라곤 소스를 곁들인 소고기 파이,
감자 브로콜리 덤플링, 로스트 마늘

Ingredient list
재료 목록

Beef Striploin(소 등심) 120g

Egg(달걀) 20g

Garlic(마늘) 20g

Thyme(타임) 2sprig

Potato(감자) 60g

Broccoli(브로콜리) 30g

Milk(우유) 50ml

Button Mushroom(양송이) 20g

Onion(양파) 20g

Fresh cream(생크림) 50ml

Flour(밀가루) 30g

Garlic whole(통마늘) 1/2pc

Orange(오렌지) 1/6pc

Orange juice(오렌지 주스) 60ml

Tarragon(타라곤) 1sprig

Red wine(레드와인) 50ml

Shallot(샬롯) 1pc

Demi glace(데미글라스) 30ml

Carrot(당근) 30g

Butter(버터) 20g

Olive oil(올리브 오일) 30ml

Sugar(설탕)

Salt(소금)

Ground Black Pepper(검은 후춧가루)

Cooking utensils and equipment
조리기구

Chef's Knife(칼), Cutting Board(도마), Pot(냄비), China cap(차이나 캡, 체), Ladle(국자), Coating pan(코팅 팬), Bamboo stick(대나무 젓가락), Spatula(스패튤러), Oven pan(오븐팬), Mixing bowl(믹싱볼), Blender(블렌더), Skimmer(스키머), Dishtowel(행주), Measuring cup(계량컵), Thread(조리용 실), Measuring Spoon(계량 스푼), Scale(저울)

Cooking Method
조리 방법

Pie of Beef

Ingredient 재료

Beef Striploin(소 등심) 120g	Sugar(설탕)
Egg(달걀) 20g	Salt(소금)
Garlic(마늘) 20g	Ground Black Pepper(검은 후춧가루)
Thyme(타임) 2sprig	
Flour(밀가루) 30g	
Milk(우유) 50ml	

준비 1 소고기를 미디엄 다이스로 잘라 주고 다진 마늘, 타임, 소금, 후추로 마리네이드 한다.

조리 1 소고기를 시어링 한다.

2 믹싱볼에 달걀, 밀가루, 소금, 후추를 섞고 소고기와 함께 섞어 몰드에 버터를 바르고 채워주고 위에 달걀 물을 올린 후 170℃에 10분간 구워 준다.

완성 1 겨자를 올리고 타임을 올려 준다.

Potato Broccoli dumpling

Ingredient 재료

Potato(감자) 60g	Salt(소금)
Broccoli(브로콜리) 30g	Ground Black Pepper(검은 후춧가루)
Milk(우유) 50ml	
Flour(밀가루) 30g	
Egg(달걀) 20g	

준비 1 감자를 슬라이스하고 브로콜리는 작게 잘라 준다.

조리 1 끓는 소금물에 감자를 삶아 체에 내려주고 브로콜리, 우유, 밀가루, 달걀으로 반죽하여 삶아 준다.

완성 1 사워크림을 올려 준다.

Mushroom Duxelles

Ingredient 재료

Button Mushroom(양송이) 20g   Salt(소금)
Onion(양파) 20g   Ground Black Pepper(검은 후춧가루)
Fresh cream(생크림) 50ml
Butter(버터) 20g

준비   1   양파, 양송이를 곱게 다져 놓는다.

조리   1   팬에 버터를 넣고 양파, 양송이버섯을 볶다 생크림을 넣어 졸여 준다.

완성   1   소금, 후추로 간을 한다.

Roasted Garlic

Ingredient 재료

Garlic whole(통마늘) 1/2pc
Butter(버터) 20g
Salt(소금)
Ground Black Pepper(검은 후춧가루)

준비   1   통마늘을 반으로 잘라 놓는다.

조리   1   팬에 버터를 넣고 색을 낸 후 오븐 160℃에 7분간 구워 준다.

완성   1   소금, 후추로 간을 한다.

10

Cooking Method
조리 방법

Orange Tarragon sauce

Ingredient 재료

Orange(오렌지) 1/6pc
Orange juice(오렌지 주스) 60ml
Tarragon(타라곤) 1sprig
Red wine(레드와인) 50ml
Shallot(샬롯) 1pc
Demi glace(데미글라스) 30ml

Butter(버터) 20g
Salt(소금)
Ground Black Pepper(검은 후춧가루)

준비   1   샬롯, 타라곤을 다져 놓는다.

     2   오렌지 제스트를 준비한다.

조리   1   팬에 샬롯을 볶다 오렌지 제스트를 넣고 레드와인을 넣고 반으로 졸여 준다.

     2   데미글라스, 오렌지 주스를 넣어 준다.

완성   1   타라곤, 소금, 후추로 간을 한다.

유 의 사 항

○ 조리 순서에 유의한다.
○ 오븐의 온도 및 불을 조절하여 타지 않도록 주의한다.
○ 소스의 농도에 유의한다.

11

*Procuitto wrapped Tenderloin of Beef, Creamy Potato,
Black Sesame seed puree, Glazed carrot roll with
Pommery Mustard sauce*

포메리 머스터드 소스를 곁들인 프로슈토로 감싼 소 안심, 크리미 감자, 검은깨 퓌레, 글레이즈 당근 롤

Ingredient list
재료 목록

Beef Tenderloin(소 안심) 120g
Procuitto(프로슈토) 30g
Thyme(타임) 2sprig
Garlic(마늘) 20g
Dijon Mustard(디존 머스터드) 20ml
Potato(감자) 50g
Fresh cream(생크림) 50ml
Black sesame(검은깨) 30g
Flour(밀가루) 20g
Milkk(우유) 50gml
Carrot(당근) 40g

Apple juice(사과 주스) 50ml
Pommery(포메리 머스터드) 20g
Shallot(샬롯) 1pc
Broccoli(브로콜리) 30g
Red wine(레드와인) 50ml
Demi glace(데미글라스) 30ml
Butter(버터) 20g
Olive oil(올리브 오일) 30ml
Sugar(설탕)
Salt(소금)
Ground Black Pepper(검은 후춧가루)

Cooking utensils and equipment
조리기구

Chef's Knife(칼), Cutting Board(도마), Pot(냄비), China cap(차이나 캡, 체), Ladle(국자), Coating pan(코팅 팬), Bamboo stick(대나무 젓가락), Spatula(스패튤러), Oven pan(오븐팬), Mixing bowl(믹싱볼), Blender(블렌더), Skimmer(스키머), Dishtowel(행주), Measuring cup(계량컵), Thread(조리용 실), Measuring Spoon(계량 스푼), Scale(저울)

Cooking Method
조리 방법

Procuitto wrapped Tenderloin of Beef

Ingredient 재료

Beef Tenderloin(소 안심) 120g   Salt(소금)
Procuitto(프로슈토) 30g   Ground Black Pepper(검은 후춧가루)
Thyme(타임) 2sprig
Black sesame(검은깨) 30g
Garlic(마늘) 20g
Dijon Mustard(디존 머스터드) 20ml

준비 1 마늘, 타임을 다지고 검은깨를 갈아 놓는다.

   2 소 안심은 1.5cm의 두께로 길게 잘라 마늘, 타임, 소금, 후추로 마리네이드 한 후 갈
      아 놓은 검은깨를 묻혀 프로슈토로 감싸 실로 묶어 준다.

조리 1 팬에 올리브 오일을 넣고 시어링 한 후 170℃에 8분간 구워 준다.

완성 1 디존 머스터드를 올리고 타임을 올려준다.

Creamy Potato

Ingredient 재료

Potato(감자) 50g   Salt(소금)
Fresh cream(생크림) 50ml   Ground Black Pepper(검은 후춧가루)
Butter(버터) 20g

준비 1 감자의 껍질을 제거한다.

조리 1 끓는 물에 소금을 넣고 감자를 삶아 체에 내려 준다.

   2 생크림, 버터를 넣고 잘 치대 준다.

완성 1 소금, 후추로 간을 한다.

Black Sesame seed puree

Ingredient 재료

Fresh cream(생크림) 50ml   Salt(소금)
Black sesame(검은깨) 30g   Ground Black Pepper(검은 후춧가루)
Flour(밀가루) 20g
Butter(버터) 20g

준비 1 검은깨를 곱게 갈아 놓는다.

조리 1 팬에 버터를 넣고 검은깨를 볶다 밀가루를 넣고 닭육수로 익혀준다.

     2 생크림을 넣고 블렌더에 한 번 더 갈아 준다.

완성 1 소금, 후추로 간을 한다.

Glazed carrot roll

Ingredient 재료

Carrot(당근) 40g   Salt(소금)
Apple juice(사과 주스) 50ml   Ground Black Pepper(검은 후춧가루)
Butter(버터) 20g
Sugar(설탕)

준비 1 당근은 얇게 썰어 놓고 아스파라거스는 껍질을 벗겨준다.

조리 1 팬에 설탕, 버터, 사과주스, 당근, 아스파라거스를 넣고 졸여 준다.

완성 1 소금, 후추로 간을 한다.

11

Cooking Method
조리 방법

Pommery Mustard sauce

Ingredient 재료

Pommery(포메리 머스터드) 20g   Salt(소금)

Shallot(샬롯) 1pc   Ground Black Pepper(검은 후춧가루)

Red wine(레드와인) 50ml

Demi glace(데미글라스) 30ml

Butter(버터) 20g

준비   1   샬롯을 다져 놓는다.

조리   1   팬에 버터를 넣고 샬롯을 볶다 레드와인을 넣고 졸여 준다.

          2   포메리 머스터드, 데미글라스를 넣고 끓여 준다.

완성   1   소금, 후추로 간을 한다.

┌─ 유 의 사 항 ─
○ 조리 순서에 유의한다.
○ 오븐의 온도 및 불을 조절하여 타지 않도록 주의한다.
○ 소스의 농도에 유의한다.

12

Pan Seared Striploin of Beef, Mushroom Risotto,
Potato Sweet corn puree, Carrot noodle with
Chasseur sauce

샤슈르 소스를 곁들인 소 등심, 버섯 리소또,
감자 옥수수 퓌레, 당근 누들

Ingredient list
재료 목록

Beef Striploin(소 등심) 120g
Black olive(검은 올리브) 30g
Garlic(마늘) 30g
Thyme(타임) 2sprig
Shiitake Mushroom(표고버섯) 20g
Rice(쌀) 30g
Fresh cream(생크림) 50ml
Granapadano Cheese(그라나파다노 치즈)
    20g
Italian Parsley(이탈리아 파슬리) 10g
Potato(감자) 60g
Sweet corn(옥수수) 20g
Onion(양파) 40g
Flour(밀가루) 20g
Milk(우유) 60gml

Carrot(당근) 50g
Orange Juice(오렌지 주스) 30ml
Cauliflower(콜리플라워) 30g
Demi glace(데미글라스) 30ml
Shallot(샬롯) 1/2pc
White wine(화이트와인) 30ml
Tomato(토마토) 1/6pc
Button Mushroom(양송이) 30g
Parsley(파슬리) 5g
Butter(버터) 20g
Olive oil(올리브 오일) 30ml
Sugar(설탕)
Salt(소금)
Ground Black Pepper(검은 후춧가루)

Cooking utensils and equipment
조리기구

Chef's Knife(칼), Cutting Board(도마), Pot(냄비), China cap(차이나 캡, 체),
Ladle(국자), Coating pan(코팅 팬), Bamboo stick(대나무 젓가락),
Spatula(스패튤러), Oven pan(오븐팬), Mixing bowl(믹싱볼), Blender(블렌더),
Skimmer(스키머), Dishtowel(행주), Measuring cup(계량컵), Thread(조리용 실),
Measuring Spoon(계량 스푼), Scale(저울)

Cooking Method
조리 방법

Pan Seared Striploin of Beef

Ingredient 재료

Beef Striploin(소 등심) 120g   Salt(소금)
Black olive(검은 올리브) 30g   Ground Black Pepper(검은 후춧가루)
Garlic(마늘) 30g
Thyme(타임) 2sprig

준비   1   마늘, 타임은 다지고 검은 올리브를 말려 갈아 놓는다.

     2   소 등심에 마늘, 타임, 소금, 후추로 마리네이드 한다.

조리   1   팬에 올리브 오일을 넣고 등심을 구워준다.

완성   1   타임을 올려준다.

Mushroom Risotto

Ingredient 재료

Shiitake Mushroom(표고버섯) 20g   Butter(버터) 20g
Rice(쌀) 30g   Salt(소금)
Fresh cream(생크림) 50ml   Ground Black Pepper(검은 후춧가루)
Granapadano Cheese
   (그라나파다노 치즈) 20g
Italian Parsley(이탈리아 파슬리) 10g
Onion(양파) 20g

준비   1   표고버섯을 잘게 잘라 놓는다.

     2   쌀을 불려 놓는다.

조리   1   팬에 버터를 넣고 양파, 표고버섯, 쌀을 볶다 닭육수를 넣고 익혀준다.

     2   치즈, 생크림, 이탈리안 파슬리를 섞어 준다.

완성   1   소금, 후추로 간을 한다.

Potato Sweet corn puree

Ingredient 재료

Potato(감자) 60g
Sweet corn(옥수수) 20g
Onion(양파) 40g
Fresh cream(생크림) 50ml
Butter(버터) 20g

Salt(소금)
Ground Black Pepper(검은 후춧가루)

준비 1 양파는 다지고 감자는 껍질을 제거하고 슬라이스 한다.

조리 1 팬에 버터를 넣고 감자, 옥수수를 넣고 볶다 물을 넣고 익혀준 후 생크림을 넣고 블렌더에 갈아 체에 내려 준다.

완성 1 소금, 후추로 간을 한다.

Carrot noodle

Ingredient 재료

Carrot(당근) 50g
Orange Juice(오렌지 주스) 30ml
Butter(버터) 20g
Sugar(설탕)

Salt(소금)
Ground Black Pepper(검은 후춧가루)

준비 1 당근을 국수 형태로 썰어 준다.

조리 1 오렌지 주스, 버터, 설탕을 넣고 당근을 글레이징한다.

완성 1 소금, 후추로 간을 한다.

Cooking Method
조리 방법

Chasseur sauce

Ingredient 재료

Demi glace(데미글라스) 30ml   Sugar(설탕)

Shallot(샬롯) 1/2pc   Salt(소금)

White wine(화이트와인) 30ml   Ground Black Pepper(검은 후춧가루)

Tomato(토마토) 1/6pc

Button Mushroom(양송이) 30g

Parsley(파슬리) 5g

Butter(버터) 20g

준비 1 샬롯, 이탈리안 파슬리는 다지고, 토마토는 콩카세하고 양송이는 슬라이스 한다.

조리 1 팬에 버터를 넣고 샬롯, 양송이를 볶다 화이트와인를 넣고 반으로 졸여준 후 데미글라스를 넣고 토마토 콩카세, 파슬리를 넣어 준다.

완성 1 소금, 후추로 간을 한다.

┌─ 유 의 사 항 ─
○ 조리 순서에 유의한다.
○ 오븐의 온도 및 불을 조절하여 타지 않도록 주의한다.
○ 소스의 농도에 유의한다.

PART

3

양식조리산업기사 실기 과제

※ 다음 유의사항을 고려하여 요구사항을 완성합니다.

1) 조리산업기사로서 갖추어야 할 숙련도, 재료관리, 작품의 예술성을 나타내어야 합니다.

2) 지정된 시설을 사용하고, 지급재료 및 지참공구목록 이외의 조리기구는 사용할 수 없으며, 지참 공구목록에 없는 단순 조리기구(수저통 등) 지참 시 시험위원에게 확인 후 사용합니다.

3) 지급재료는 1회에 한하여 지급되며 재지급은 하지 않습니다.
   (단, 수험자가 시험 시작 전 지급된 재료를 검수하여 재료가 불량하거나 양이 부족하다고 판단 될 경우에는 즉시 시험위원에게 통보하여 교환 또는 추가지급을 받도록 합니다.)

4) 요구사항의 규격은"정도"의 의미를 포함하며, 지급된 재료의 크기에 따라 가감하여 채점됩니다.

5) 위생복, 위생모, 앞치마, 마스크를 착용하여야 하며, 시험장비, 가스레인지(가스밸브 개폐기 사용), 조리도구 등을 사용할 때에는 안전사고 예방에 유의합니다.

6) 다음 사항은 실격에 해당하여 **채점 대상에서 제외**됩니다.

   가) 수험자 본인이 시험 도중 시험에 대한 포기 의사를 표현하는 경우

   나) 위생복, 위생모, 앞치마, 마스크를 착용하지 않은 경우

   다) 시험시간 내에 과제를 모두 제출하지 못한 경우

   라) 문제의 요구사항대로 과제의 수량이 만들어지지 않은 경우

   마) 완성품을 요구사항의 과제(요리)가 아닌 다른 요리(예, 달걀말이 > 달걀찜)로 만들었거나, 요구사항에 없는 과제(요리)를 추가하여 만든 경우

   바) 불을 사용하여 만든 과제가 과제특성에 벗어나는 정도로 타거나 익지 않은 경우

   사) 요구사항의 조리기구(석쇠 등)를 사용하여 완성품을 조리하지 않은 경우

   아) 수험자지참준비물 이외 조리기술에 영향을 줄 수 있는 기구를 사용한 경우

   자) 시험 중 시설·장비(칼, 가스레인지 등) 사용 시 시험위원 및 타수험자의 시험 진행에 위해를 일으킬 것으로 시험위원 전원이 합의하여 판단한 경우

   차) 요구사항에 표시된 실격 및 부정행위에 해당하는 경우

7) 완료된 과제는 지정한 장소에 시험시간 내에 제출하여야 합니다.

8) 가스레인지 화구는 2개까지 사용 가능합니다.

9) 과제를 제출한 다음 본인이 조리한 장소의 주변을 깨끗이 청소하고 조리기구를 정리 정돈한 후 시험위원의 지시에 따라 퇴실합니다.

10) 시험시작 전 가벼운 몸 풀기(스트레칭) 동작으로 긴장을 풀고 시험을 시작합니다.

시험시간
1시간 20분

Chicken Roulade with Tomato coulis

토마토 쿨리를 곁들인 치킨 룰라드

1

Chicken Roulade in Mushroom duxells, Duchesse Potato,
Glazed Apple, Tomato coulis

토마토 쿨리를 곁들인 버섯 뒥셀로 속을 채운 닭
고기 룰라드, 더치 감자, 글레이즈 사과

Requirements 요구사항	※ 위생과 안전에 유의하여 주어진 재료로 **토마토 쿨리를 곁들인 치킨 룰라드**(Chicken Roulade with Tomato coulis)를 다음과 같이 만드시오.

1. 치킨 룰라드(Chicken roulade)
　1) 닭다리는 뼈와 살을 분리하여 사용하시오.
　2) 양송이와 기타 재료를 사용하여 뒥셀(duxells)을 만들어 닭다리살에 넣고 룰라드하시오.
　3) 닭다리는 정제 버터를 사용하여 갈색으로 팬프라이 하시오.

2. 토마토 쿨리(Tomato coulis)
　1) 토마토와 양파, 마늘 등 기타 재료를 사용하여 토마토 쿨리를 만드시오.
　2) 닭육수를 만들어 사용하시오.

3. 가니쉬(Garnish)
　1) 감자는 더치 포테이토(duchesse potato)를 만들고, 채소를 이용하여 가니쉬를 만드시오.
　2) 사과는 글레이징(glazing) 하시오.

4. 룰라드한 닭다리는 적당한 크기로 잘라 토마토 쿨리, 가니쉬와 함께 담아내시오.

Ingredient list 재료 목록		
	닭다리(약 250g 정도) 1개 (뼈 있는 것)	레드와인 30ml
	버터 130g	토마토 1/2개
	생크림(동물성) 50ml	달걀 1개
	빵가루 30g	바질(fresh) 2줄기
	당근 1/2개	타임(fresh) 5g
	사과 1/4개	월계수 잎(마른 것) 1잎
	브로콜리 50g	소금 10g
	감자 1개	흰 후춧가루 5g
	올리브 오일 10ml	흰 설탕 10g
	양파 1/4개	양송이 80g
	마늘 1쪽	실(조리용 흰 실) 50cm
	토마토 퓌레 70ml	

| **Cooking utensils and equipment**
조리기구 | Chef's Knife(칼), Cutting Board(도마), Pot(냄비), China cap(차이나 캡, 체), Ladle(국자), Coating pan(코팅 팬), Bamboo stick(대나무 젓가락), Spatula(스패튤러), Oven pan(오븐팬), Mixing bowl(믹싱볼), Blender(블렌더), Skimmer(스키머), Dishtowel(행주), Measuring cup(계량컵), Thread(조리용 실), Measuring Spoon(계량 스푼), Scale(저울) |

Cooking Method
조리 방법

Chicken Roulade in Mushroom duxells

Ingredient 재료

닭다리 1개	타임 5g
버터 30g	소금 2g
생크림 50ml	흰 후춧가루 1g
양송이 80g	
양파 20g	
실 50cm	

준비   1   닭다리를 발골하여 칼등으로 넓게 펴고 소금, 후추, 타임으로 마리네이드 한다.

        2   버섯을 곱게 다져놓는다.

조리   1   팬에 버터를 넣고 버섯을 볶다 생크림으로 졸인 후 소금, 후추로 간을 한다.

        2   닭고기에 버섯 뒥셀을 채우고 말아서 실로 묶어 버터를 끼얹으며 구워준다.

완성   1   실을 풀어 준다.

Duchesse potato

Ingredient 재료

감자 1개	소금 2g
달걀 1개	흰 후춧가루 1g
버터 10g	

준비   1   감자의 껍질을 벗기고 작게 잘라 놓는다.

조리   1   끓는 물에 소금을 넣고 삶아 체에 내려준다.

        2   버터, 달걀, 소금, 후추를 넣어 섞어준다.

        3   파이핑 백에 넣고 오븐 팬에 짜주고 버터와 달걀물을 발라 160℃에 7분간 구워준다.

완성   1   버터를 발라 준다.

Glazed Apple

Ingredient 재료

사과 1/4개   흰 후춧가루 1g
버터 10g   흰 설탕 5g
소금 2g

준비   1   사과를 원형몰드로 찍어 설탕물에 담가 놓는다.

조리   1   팬에 버터, 물, 설탕을 넣고 글레이징 한다.

완성   1   소금, 후추로 간을 한다.

Side Vegetable

Ingredient 재료

당근 1/2개   소금 2g
브로콜리 50g   흰 후춧가루 1g
버터 10g
토마토 1/6개
타임 2g
올리브 오일 10ml

준비   1   당근은 얇게 썰어 놓고 토마토는 웨지 형태로 썰고 브로콜리를 작게 잘라 놓는다.

조리   1   끓는 물에 소금을 넣고 당근, 브로콜리를 삶아 버터에 볶다 소금, 후추로 간을 한다.

         2   토마토는 소금, 후추, 올리브 오일을 뿌리고 타임을 올려 160℃에 7분간 구워준다.

완성   1   버터를 발라 준다.

Cooking Method
조리 방법

Tomato coulis

Ingredient 재료

닭뼈 1개   마늘 1쪽
당근 30g   토마토 1/2개
버터 10g   소금 2g
양파 20g   흰 후춧가루 1g
바질 1줄기
타임 1g

준비 1 양파, 마늘, 바질, 토마토를 다져 놓는다.

2 닭뼈, 양파 슬라이스, 당근 슬라이스, 타임, 월계수 잎을 준비한다.

조리 1 닭뼈, 양파 슬라이스, 당근 슬라이스, 타임, 월계수 잎으로 치킨 스톡을 만들어 놓는다.

2 팬에 버터를 넣고 마늘, 양파를 볶다가 토마토를 넣고 볶는다. 닭육수, 바질을 넣고 끓여 준 후 체에 내려 준다.

완성 1 소금, 후추로 간을 한다.

※ 다음 유의사항을 고려하여 요구사항을 완성합니다.

1) 조리산업기사로서 갖추어야 할 숙련도, 재료관리, 작품의 예술성을 나타내어야 합니다.

2) 지정된 시설을 사용하고, 지급재료 및 지참공구목록 이외의 조리기구는 사용할 수 없으며, 지참 공구목록에 없는 단순 조리기구(수저통 등) 지참 시 시험위원에게 확인 후 사용합니다.

3) 지급재료는 1회에 한하여 지급되며 재지급은 하지 않습니다.
   (단, 수험자가 시험 시작 전 지급된 재료를 검수하여 재료가 불량하거나 양이 부족하다고 판단 될 경우에는 즉시 시험위원에게 통보하여 교환 또는 추가지급을 받도록 합니다.)

4) 요구사항의 규격은 "정도"의 의미를 포함하며, 지급된 재료의 크기에 따라 가감하여 채점됩니다.

5) 위생복, 위생모, 앞치마, 마스크를 착용하여야 하며, 시험장비, 가스레인지(가스밸브 개폐기 사용), 조리도구 등을 사용할 때에는 안전사고 예방에 유의합니다.

6) 다음 사항은 실격에 해당하여 **채점 대상에서 제외**됩니다.

   가) 수험자 본인이 시험 도중 시험에 대한 포기 의사를 표현하는 경우

   나) 위생복, 위생모, 앞치마, 마스크를 착용하지 않은 경우

   다) 시험시간 내에 과제를 모두 제출하지 못한 경우

   라) 문제의 요구사항대로 과제의 수량이 만들어지지 않은 경우

   마) 완성품을 요구사항의 과제(요리)가 아닌 다른 요리(예, 달걀말이 > 달걀찜)로 만들었거나, 요구사항에 없는 과제(요리)를 추가하여 만든 경우

   바) 불을 사용하여 만든 과제가 과제특성에 벗어나는 정도로 타거나 익지 않은 경우

   사) 요구사항의 조리기구(석쇠 등)를 사용하여 완성품을 조리하지 않은 경우

   아) 수험자지참준비물 이외 조리기술에 영향을 줄 수 있는 기구를 사용한 경우

   자) 시험 중 시설·장비(칼, 가스레인지 등) 사용 시 시험위원 및 타수험자의 시험 진행에 위해를 일으킬 것으로 시험위원 전원이 합의하여 판단한 경우

   차) 요구사항에 표시된 실격 및 부정행위에 해당하는 경우

7) 완료된 과제는 지정한 장소에 시험시간 내에 제출하여야 합니다.

8) 가스레인지 화구는 2개까지 사용 가능합니다.

9) 과제를 제출한 다음 본인이 조리한 장소의 주변을 깨끗이 청소하고 조리기구를 정리 정돈한 후 시험위원의 지시에 따라 퇴실합니다.

10) 시험시작 전 가벼운 몸 풀기(스트레칭) 동작으로 긴장을 풀고 시험을 시작합니다.

Roasted rack of Lamb with Thyme sauce

타임소스를 곁들인 양갈비 구이

(2)

Mustard crust Roasted rack of Lamb, Anna potato,
Sauteed Asparagus, Grilled Garlic, Thyme Garnish, Thyme sauce

타임소스를 곁들인 겨자 크러스트 양갈비, 안나 감자,
아스파라거스, 그릴 마늘

Requirements 요구사항	※ 위생과 안전에 유의하여 주어진 재료로 **타임소스를 곁들인 양갈비 구이**(Roasted rack of Lamb with Thyme sauce)를 다음과 같이 만드시오.

1. 양갈비 구이(Roasted rack of Lamb)

1) 양 갈비의 살과 뼈는 깨끗이 다듬어 소금, 으깬 검은 후추, 향신료 등으로 마리네이드 하시오.
2) 양 갈비는 팬에서 연한 갈색을 내어 꿀을 넣은 민트 젤리와 양 겨자 크러스트(mustard crust)를 만들어 바르시오.
3) 양 겨자 크러스트는 양 겨자, 빵가루, 마늘, 향신료 등을 사용하여 만드시오.
4) 양 갈비는 오븐에서 미디엄으로 구워 뼈를 포함해 3등분으로 잘라 접시에 담으시오.

2. 안나 포테이토(Anna potato)

1) 안나 포테이토는 지름 4cm, 두께 0.2cm, 높이 3cm 정도의 크기로 몰드, 틀, 쿠킹호일 등으로 만들어 오븐에서 갈색으로 구우시오.
2) 아스파라거스는 끓는 물에 데친 후 볶아 사용하시오.
3) 끓는 물에 데쳐 오븐에서 구운 마늘과 타임도 가니쉬로 사용하시오.

3. 타임소스(Thyme sauce)

1) 타임소스는 타임향이 있게 하고 농도에 유의하시오.
2) 손질하고 남은 양고기, 뼈, 토마토 페이스트, 레드와인 등을 사용하여 만드시오.

4. 양갈비, 안나 포테이토, 아스파라거스, 구운 마늘, 타임소스, 타임을 함께 담아내시오.

Ingredient list 재료 목록	양갈비(프렌치 랙) 250g (뼈가 3개 붙어 있는 것) 양겨자 50g(Dijon mustard 가능) 파슬리 5g 타임(fresh) 5g 로즈메리 5g 마늘 5쪽 당근 1/2개 양파 1/2개 감자 1개 버터 60g	아스파라거스(green) 2개 레드와인 50ml 올리브오일 50ml 전분 10g 빵가루 40g 토마토 페이스트 30g 민트 젤리(박하향 소스) 10g 꿀 10g 흰 후춧가루 5g 소금 10g 검은 통후추 5g

Cooking utensils and equipment 조리기구	Chef's Knife(칼), Cutting Board(도마), Pot(냄비), China cap(차이나 캡, 체), Ladle(국자), Coating pan(코팅 팬), Bamboo stick(대나무 젓가락), Spatula(스패튤러), Oven pan(오븐팬), Mixing bowl(믹싱볼), Blender(블렌더), Skimmer(스키머), Dishtowel(행주), Measuring cup(계량컵), Thread(조리용 실), Measuring Spoon(계량 스푼), Scale(저울)

②

Cooking Method
조리 방법

Mustard crust Roasted rack of Lamb

Ingredient 재료

양갈비 250g	빵가루 40g
양겨자 50g	민트젤리 10g
파슬리 2g	꿀 10g
타임 2g	검은 통후추 2g
로즈메리 2g	흰 후춧가루 1g
마늘 1쪽	소금 2g

준비   1   통후추는 으깨고, 마늘, 타임, 로즈메리, 파슬리는 다져놓는다.

         2   양갈비는 손질하여 소금, 으깬 검은 후추, 타임, 로즈메리, 다진 마늘로 마리네이드
한다.

조리   1   양겨자, 파슬리, 빵가루, 마늘, 타임, 로즈메리를 섞어 크러스트를 만들어 놓는다.

         2   양갈비는 팬에 시어링하고 꿀을 넣은 민트 젤리를 바르고 양 겨자 크러스트를 올려
170℃에 8분간 미디엄으로 굽는다.

완성   1   양갈비를 3등분하여 잘라 놓는다.

Anna potato

Ingredient 재료

감자 1개
버터 20g
흰 후춧가루 1g
소금 2g

준비   1   감자는 지름 4cm, 두께 0.2cm 정도의 크기로 잘라 찬물에 담가 놓는다.

조리   1   끓는 물에 소금을 넣고 감자를 넣어 3분간 삶아 낸다.

         2   몰드에 감자를 차곡차곡 쌓아 3cm 정도의 높이로 하여 버터를 올려 170℃에 10분간
구워 준다.

완성   1   소금, 후추로 간을 한다.

Sauteed Asparagus

Ingredient 재료

버터 10g
아스파라거스 2개
흰 후춧가루 1g
소금 2g

준비　1　아스파라거스의 껍질을 벗겨 놓는다.

조리　1　끓는 물에 소금을 넣고 데쳐 버터에 볶아 준다.

완성　1　소금, 후추로 간을 한다.

Grilled Garlic

Ingredient 재료

마늘 3쪽
올리브오일 50ml
흰 후춧가루 1g
소금 2g

준비　1　마늘의 밑동을 잘라 준다.

조리　1　끓는 물에 소금을 넣고 데쳐 오븐에서 구워 준다.

완성　1　소금, 후추로 간을 한다.

Cooking Method
조리 방법

Thyme sauce

Ingredient 재료

양고기 뼈 1개
타임 5g
당근 20g
양파 20g
버터 60g
레드와인 50ml

토마토 페이스트 30g
흰 후춧가루 1g
소금 2g

준비　1　양파, 당근을 슬라이스 한다.

조리　1　팬에 버터를 넣고 양고기 뼈를 넣고 볶다가 양파, 당근을 넣고 볶다 토마토 페이스
트를 신맛이 없어질때까지 잘 볶아 준다.

　　　2　1에 레드와인을 넣고 졸인 다음, 물을 넣어 끓이다가 체에 내려 준다.

완성　1　소금, 후추로 간을 한다.

※ **다음 유의사항을 고려하여 요구사항을 완성합니다.**

1) 조리산업기사로서 갖추어야 할 숙련도, 재료관리, 작품의 예술성을 나타내어야 합니다.

2) 지정된 시설을 사용하고, 지급재료 및 지참공구목록 이외의 조리기구는 사용할 수 없으며, 지참
   공구목록에 없는 단순 조리기구(수저통 등) 지참 시 시험위원에게 확인 후 사용합니다.

3) 지급재료는 1회에 한하여 지급되며 재지급은 하지 않습니다.
   (단, 수험자가 시험 시작 전 지급된 재료를 검수하여 재료가 불량하거나 양이 부족하다고 판단
   될 경우에는 즉시 시험위원에게 통보하여 교환 또는 추가지급을 받도록 합니다.)

4) 요구사항의 규격은"정도"의 의미를 포함하며, 지급된 재료의 크기에 따라 가감하여 채점됩니다.

5) 위생복, 위생모, 앞치마, 마스크를 착용하여야 하며, 시험장비, 가스레인지(가스밸브 개폐기 사
   용), 조리도구 등을 사용할 때에는 안전사고 예방에 유의합니다.

6) 다음 사항은 실격에 해당하여 **채점 대상에서 제외**됩니다.

   가) 수험자 본인이 시험 도중 시험에 대한 포기 의사를 표현하는 경우

   나) 위생복, 위생모, 앞치마, 마스크를 착용하지 않은 경우

   다) 시험시간 내에 과제를 모두 제출하지 못한 경우

   라) 문제의 요구사항대로 과제의 수량이 만들어지지 않은 경우

   마) 완성품을 요구사항의 과제(요리)가 아닌 다른 요리(예, 달걀말이 > 달걀찜)로 만들었거나,
      요구사항에 없는 과제(요리)를 추가하여 만든 경우

   바) 불을 사용하여 만든 과제가 과제특성에 벗어나는 정도로 타거나 익지 않은 경우

   사) 요구사항의 조리기구(석쇠 등)를 사용하여 완성품을 조리하지 않은 경우

   아) 수험자지참준비물 이외 조리기술에 영향을 줄 수 있는 기구를 사용한 경우

   자) 시험 중 시설·장비(칼, 가스레인지 등) 사용 시 시험위원 및 타수험자의 시험 진행에 위해를
      일으킬 것으로 시험위원 전원이 합의하여 판단한 경우

   차) 요구사항에 표시된 실격 및 부정행위에 해당하는 경우

7) 완료된 과제는 지정한 장소에 시험시간 내에 제출하여야 합니다.

8) 가스레인지 화구는 2개까지 사용 가능합니다.

9) 과제를 제출한 다음 본인이 조리한 장소의 주변을 깨끗이 청소하고 조리기구를 정리 정돈한 후
   시험위원의 지시에 따라 퇴실합니다.

10) 시험시작 전 가벼운 몸 풀기(스트레칭) 동작으로 긴장을 풀고 시험을 시작합니다.

Duck Breast with Bigarade sauce

비가라드 소스를 곁들인 오리 가슴살 구이

3

Pan fried Duck Breast, Rosti potatoes, Sauteed Broccoli, Carrot olivette,
Pear chateau confit, Orange Zest, Orange segment, Bigarade sauce

비가라드 소스를 곁들인 오리 가슴살, 로티 감자, 브로콜리,
당근 올리베또, 배 샤토 콩피, 오렌 제스트, 오렌지 세그멘트

Requirements 요구사항	※ 위생과 안전에 유의하여 주어진 재료로 **비가라드 소스를 곁들인 오리 가슴살 구이**(Duck breast with Bigarade sauce)를 다음과 같이 만드시오.

1. 오리 가슴살 구이(Roasted duck breast)

1) 오리 가슴살은 껍질 부분에 솔방울 모양으로 칼집을 내어 팬 프라잉하시오.
2) 팬 프라잉한 오리 가슴살은 꿀을 발라 오븐에 갈색으로 익혀 3쪽으로 썰어내시오.
3) 껍질은 바삭하게 하고 속은 미디엄(medium)으로 구우시오.

2. 로스티 감자(Rosti potatoes)

1) 베이컨과 블랙올리브를 넣은 로스티 감자를 연한 갈색으로 만드시오.

3. 비가라드 소스(Bigarade sauce)

1) 오렌지 주스와 레드와인 등을 넣어 2/3 정도 졸여 농도에 유의하여 비가라드 소스를 만드시오.

4. 가니쉬(Garnish)

1) 브로콜리는 삶아 버터에 볶아 사용하시오.
2) 당근은 올리베트(olivette) 모양으로 3개를 사용하시오,
3) 배 콩피(pear confit)는 샤토(chateau) 모양으로 레드와인에 졸여 2개를 만드시오.
4) 오렌지 제스트와 오렌지 살, 타임을 이용하여 가니쉬 하시오.

5. 3등분한 오리 가슴살과 로스티 감자, 가니쉬를 담고 비가라드 소스를 뿌려 오렌지 살과 오렌지 제스트, 타임으로 장식하여 내시오.

Ingredient list 재료 목록	오리 가슴살(150g 정도, 껍질 있는 것) 1개	당근 1개
	꿀 20g	양파 1/4개
	오렌지 2개	전분(옥수수 전분) 20g
	레드와인 200ml	브라운 스톡(데미글라스 대체 가능) 100ml
	월계수 잎 2잎	검은 통후추 5g
	감자 1개	소금 20g
	베이컨 1개	흰 후춧가루 5g
	올리브(검은 것) 2개	식용유 50ml
	브로콜리 30g	마늘 3쪽
	타임(fresh) 5g	버터 70g
	배 1/4개	흰 설탕 50g
	레몬 1/2개	식초 10ml

Cooking utensils and equipment 조리기구	Chef's Knife(칼), Cutting Board(도마), Pot(냄비), China cap(차이나 캡, 체), Ladle(국자), Coating pan(코팅 팬), Bamboo stick(대나무 젓가락), Spatula(스패튤러), Oven pan(오븐팬), Mixing bowl(믹싱볼), Blender(블렌더), Skimmer(스키머), Dishtowel(행주), Measuring cup(계량컵), Thread(조리용 실), Measuring Spoon(계량 스푼), Scale(저울)

Cooking Method
조리 방법

Pan fried Duck Breast

Ingredient 재료

오리 가슴살 1개	소금 2g
오렌지 껍질 1개	식용유 30ml
타임 2g	
레몬 껍질 1/2개	
마늘 1쪽	
검은 통후추 2g	

준비   1   오렌지 껍질, 레몬 껍질, 타임, 마늘은 다지고 통후추는 으깨 놓는다.

           2   오리 가슴살은 껍질 부분에 솔방울 모양으로 칼집을 내어 준 후 1과 소금으로 마리네이드 한다.

조리   1   팬에 식용유를 넣고 오리 가슴살을 팬 프라잉하여 꿀을 발라 170℃에 10분간 미디엄으로 구워 준다.

완성   1   3조각으로 잘라 준다.

Rosti potatoes

Ingredient 재료

베이컨 1개	검은 통후추 1g
올리브 2개	소금 2g
버터 20g	
감자 1개	

준비   1   베이컨과 올리브는 다져 놓고 강판에 감자를 갈아 소금, 후추를 넣고 반죽을 해 놓는다.

조리   1   팬에 버터를 넣고 구워 준다.

완성   1   버터를 발라 준다.

Sauteed Broccoli

Ingredient 재료

브로콜리 30g
버터 20g
검은 통후추 1g
소금 2g

준비   1   브로콜리를 손질한다.

조리   1   끓는 물에 소금을 넣고 브로콜리를 데쳐 버터에 볶는다.

완성   1   소금, 후추로 간을 한다.

Carrot olivette

Ingredient 재료

당근 1개   검은 통후추 1g
버터 10g   소금 2g
흰 설탕 20g

준비   1   당근을 올리베트로 3개 깎아 놓는다.

조리   1   끓는 물에 소금을 넣고 당근을 삶아 팬에 버터, 설탕을 넣고 글레이징 한다.

완성   1   소금, 후추로 간을 한다.

Cooking Method
조리 방법

Pear chateau confit

Ingredient 재료

배 1/4개   소금 2g
레드와인 100ml   식용유 20ml
흰 설탕 50g
검은 통후추 1g

준비	1	배를 샤토 모양으로 2개 깎아 놓는다.
조리	1	볼에 레드와인, 설탕, 배를 넣고 조린다.
완성	1	소금, 후추로 간을 한다.

Orange Zest, Orange segment

Ingredient 재료

오렌지 1/2개   검은 통후추 1g
흰 설탕 20g   소금 2g
버터 10g

준비	1	오렌지 제스트를 하고 살을 세그멘트 해 놓는다.
조리	1	팬에 버터를 넣고 볶아 준다.
완성	1	소금, 후추로 간을 한다.

Bigarade sauce

Ingredient 재료

오렌지 1개
레드와인 100ml
월계수 잎 2잎
식초 10ml
버터 10g
흰 설탕 10g

전분 20g
브라운 스톡 100ml
검은 통후추 1g
소금 2g

준비 1 오렌지 주스를 짜 놓는다.

2 물과 전분을 섞어 물전분을 만들어 놓는다.

조리 1 팬에 설탕을 넣고 캐러멜라이즈하고 식초를 넣어 졸인다.

2 1에 레드와인을 넣어 2/3 정도 졸인 후 오렌지 주스를 넣고 졸인다.

3 2에 브라운 스톡을 넣고 전분으로 농도를 맞춘다.

완성 1 소금, 후추로 간을 한다.

※ **다음 유의사항을 고려하여 요구사항을 완성합니다.**

1) 조리산업기사로서 갖추어야 할 숙련도, 재료관리, 작품의 예술성을 나타내어야 합니다.

2) 지정된 시설을 사용하고, 지급재료 및 지참공구목록 이외의 조리기구는 사용할 수 없으며, 지참 공구목록에 없는 단순 조리기구(수저통 등) 지참 시 시험위원에게 확인 후 사용합니다.

3) 지급재료는 1회에 한하여 지급되며 재지급은 하지 않습니다.

(단, 수험자가 시험 시작 전 지급된 재료를 검수하여 재료가 불량하거나 양이 부족하다고 판단 될 경우에는 즉시 시험위원에게 통보하여 교환 또는 추가지급을 받도록 합니다.)

4) 요구사항의 규격은 "정도"의 의미를 포함하며, 지급된 재료의 크기에 따라 가감하여 채점됩니다.

5) 위생복, 위생모, 앞치마, 마스크를 착용하여야 하며, 시험장비, 가스레인지(가스밸브 개폐기 사용), 조리도구 등을 사용할 때에는 안전사고 예방에 유의합니다.

6) 다음 사항은 실격에 해당하여 **채점 대상에서 제외**됩니다.

가) 수험자 본인이 시험 도중 시험에 대한 포기 의사를 표현하는 경우

나) 위생복, 위생모, 앞치마, 마스크를 착용하지 않은 경우

다) 시험시간 내에 과제를 모두 제출하지 못한 경우

라) 문제의 요구사항대로 과제의 수량이 만들어지지 않은 경우

마) 완성품을 요구사항의 과제(요리)가 아닌 다른 요리(예, 달걀말이 > 달걀찜)로 만들었거나, 요구사항에 없는 과제(요리)를 추가하여 만든 경우

바) 불을 사용하여 만든 과제가 과제특성에 벗어나는 정도로 타거나 익지 않은 경우

사) 요구사항의 조리기구(석쇠 등)를 사용하여 완성품을 조리하지 않은 경우

아) 수험자지참준비물 이외 조리기술에 영향을 줄 수 있는 기구를 사용한 경우

자) 시험 중 시설·장비(칼, 가스레인지 등) 사용 시 시험위원 및 타수험자의 시험 진행에 위해를 일으킬 것으로 시험위원 전원이 합의하여 판단한 경우

차) 요구사항에 표시된 실격 및 부정행위에 해당하는 경우

7) 완료된 과제는 지정한 장소에 시험시간 내에 제출하여야 합니다.

8) 가스레인지 화구는 2개까지 사용 가능합니다.

9) 과제를 제출한 다음 본인이 조리한 장소의 주변을 깨끗이 청소하고 조리기구를 정리 정돈한 후 시험위원의 지시에 따라 퇴실합니다.

10) 시험시작 전 가벼운 몸 풀기(스트레칭) 동작으로 긴장을 풀고 시험을 시작합니다.

시험시간
1시간 20분

Beef fillet steak with Anchovy butter

앤초비 버터를 곁들인 소 안심 구이

4

Beef fillet steak, Anchovy butter, Dauphinoise potato, Glazed Carrot, Sauteed Brussel sprout & Asparagus, Red wine sauce

레드와인 소스와 앤초비 버터를 곁들인 소고기 스테이크,
돌피노아즈 감자, 글레이즈 당근,
브뤼셀 스프라우트, 아스파라거스

Requirements
요구사항

※ 위생과 안전에 유의하여 주어진 재료로 **앤초비 버터를 곁들인 소 안심 구이**(Beef fillet steak with a Anchovy butter)를 다음과 같이 만드시오.

1. 소 안심 구이(Beef fillet steak)
   1) 소고기 안심은 손질(마리네이드)하여 미디엄(medium)으로 구우시오.
   2) 레드와인 소스를 만들어 곁들이시오.

2. 앤초비 버터(Anchovy butter)
   1) 앤초비, 허브, 채소, 버터를 이용하여 앤초비 버터를 만들어 스테이크에 올리시오.

3. 도피노와즈 포테이토(Dauphinoise potato)
   1) 베샤멜 소스를 만들어 사용하시오.
   2) 파르미지아노 레지아노 치즈를 뿌려 오븐에 구워내시오.

4. 곁들임 채소(Hot vegetables)
   1) 당근은 글레이징(glazing) 하시오.
   2) 방울양배추, 아스파라거스를 조리하여 곁들이시오.

Ingredient list
재료 목록

소고기(안심, 스테이크용) 160g	우유 150ml
케이퍼 15g	버터(무염) 100g
타라곤 5g	샬롯 1개
파슬리 5g	마늘 3쪽
앤초비 10g	파르미지아노 레지아노 치즈(덩어리) 20g
타임 5g	밀가루(중력분) 10g
감자 1개	흰 설탕 30g
당근 1/2개	올리브 오일 30ml
방울 양배추 2개	양파 1/2개
아스파라거스(green) 1개	셀러리 50g
레드와인 200ml	검은 통후추 10g
데미글라스 소스 50ml	소금 15g

Cooking utensils and equipment
조리기구

Chef's Knife(칼), Cutting Board(도마), Pot(냄비), China cap(차이나 캡, 체), Ladle(국자), Coating pan(코팅 팬), Bamboo stick(대나무 젓가락), Spatula(스패튤러), Oven pan(오븐팬), Mixing bowl(믹싱볼), Blender(블렌더), Skimmer(스키머), Dishtowel(행주), Measuring cup(계량컵), Thread(조리용 실), Measuring Spoon(계량 스푼), Scale(저울)

Cooking Method
조리 방법

Beef fillet steak

Ingredient 재료

소 안심 160g 검은 통후추 2g
타임 1g 소금 2g
마늘 1쪽
올리브 오일 20ml

준비	1	마늘, 타임은 다지고 통후추는 으깨어 놓는다.
	2	소 안심을 손질하여 타임, 소금, 후추로 마리네이드 한다.
조리	1	팬에 올리브 오일을 넣고 미디엄으로 굽는다.
완성	1	타임을 올려 준다.

Anchovy butter

Ingredient 재료

케이퍼 15g 타임 1g
타라곤 5g 버터 60g
파슬리 5g
앤초비 10g

준비	1	앤초비, 케이퍼, 타라곤, 파슬리, 타임을 다져 놓는다.
조리	1	케이퍼, 타라곤, 파슬리, 앤초비, 타임, 버터를 섞어 준다.
완성	1	원형으로 모양을 잡아준다.

Dauphinoise potato

Ingredient 재료

감자 1개　　　　　　　　　　검은 통후추 2g

우유 150ml　　　　　　　　　소금 2g

버터 20g

파르미지아노 레지아노 치즈 20g

밀가루 10g

준비　1　감자를 원형으로 깎아 얇게 슬라이스 한다.

조리　1　팬에 버터를 넣고 베샤멜 소스를 만들어 놓는다.

　　　2　몰드에 버터를 바르고 감자에 소금, 후추로 버무리고 베샤멜 소스를 바르고 파르미
지아노 레지아노 치즈를 올리는 것을 2~3회 반복한다.

　　　3　160℃에 20분간 구워 준다.

완성　1　몰드에서 꺼내어 놓는다.

Glazed Carrot

Ingredient 재료

당근 1/2개　　　　　　　　　검은 통후추 2g

버터 20g　　　　　　　　　　소금 2g

흰 설탕 10g

준비　1　당근을 얇게 썰어 놓는다.

조리　1　팬에 흰 설탕, 물, 버터, 당근을 넣고 글레이징 한다.

완성　1　소금, 후추로 간을 한다.

4

Cooking Method
조리 방법

Sauteed Brussel sprout & Asparagus

Ingredient 재료

방울 양배추 2개   검은 통후추 2g
아스파라거스 1개   소금 2g
버터 20g
흰 설탕 10g

준비 1 아스파라거스는 껍질을 제거하고 방울 양배추는 반을 잘라 놓는다.

조리 1 끓는 물에 소금을 넣고 방울 양배추와 아스파라거스를 데쳐 버터를 넣고 볶아 놓는다.

완성 1 소금, 후추로 간을 한다.

Red wine sauce

Ingredient 재료

레드와인 200ml   셀러리 50g
데미글라스 소스 50ml 당근 20g
버터 20g   검은 통후추 2g
샬롯 1개   소금2g
타임 1g
마늘 1쪽

준비 1 마늘은 다지고 샬롯, 셀러리를 슬라이스 한다.

조리 1 팬에 버터를 넣고 마늘, 샬롯, 셀러리, 당근을 볶다 레드와인을 놓고 반으로 졸여 준
    후 데미글라스를 넣고 타임을 넣고 끓이다 체에 내려준다.

완성 1 소금, 후추로 간을 한다.

※ 다음 유의사항을 고려하여 요구사항을 완성합니다.

1) 조리산업기사로서 갖추어야 할 숙련도, 재료관리, 작품의 예술성을 나타내어야 합니다.

2) 지정된 시설을 사용하고, 지급재료 및 지참공구목록 이외의 조리기구는 사용할 수 없으며, 지참 공구목록에 없는 단순 조리기구(수저통 등) 지참 시 시험위원에게 확인 후 사용합니다.

3) 지급재료는 1회에 한하여 지급되며 재지급은 하지 않습니다.
   (단, 수험자가 시험 시작 전 지급된 재료를 검수하여 재료가 불량하거나 양이 부족하다고 판단 될 경우에는 즉시 시험위원에게 통보하여 교환 또는 추가지급을 받도록 합니다.)

4) 요구사항의 규격은"정도"의 의미를 포함하며, 지급된 재료의 크기에 따라 가감하여 채점됩니다.

5) 위생복, 위생모, 앞치마, 마스크를 착용하여야 하며, 시험장비, 가스레인지(가스밸브 개폐기 사용), 조리도구 등을 사용할 때에는 안전사고 예방에 유의합니다.

6) 다음 사항은 실격에 해당하여 **채점 대상에서 제외**됩니다.

   가) 수험자 본인이 시험 도중 시험에 대한 포기 의사를 표현하는 경우

   나) 위생복, 위생모, 앞치마, 마스크를 착용하지 않은 경우

   다) 시험시간 내에 과제를 모두 제출하지 못한 경우

   라) 문제의 요구사항대로 과제의 수량이 만들어지지 않은 경우

   마) 완성품을 요구사항의 과제(요리)가 아닌 다른 요리(예, 달걀말이 > 달걀찜)로 만들었거나, 요구사항에 없는 과제(요리)를 추가하여 만든 경우

   바) 불을 사용하여 만든 과제가 과제특성에 벗어나는 정도로 타거나 익지 않은 경우

   사) 요구사항의 조리기구(석쇠 등)를 사용하여 완성품을 조리하지 않은 경우

   아) 수험자지참준비물 이외 조리기술에 영향을 줄 수 있는 기구를 사용한 경우

   자) 시험 중 시설·장비(칼, 가스레인지 등) 사용 시 시험위원 및 타수험자의 시험 진행에 위해를 일으킬 것으로 시험위원 전원이 합의하여 판단한 경우

   차) 요구사항에 표시된 실격 및 부정행위에 해당하는 경우

7) 완료된 과제는 지정한 장소에 시험시간 내에 제출하여야 합니다.

8) 가스레인지 화구는 2개까지 사용 가능합니다.

9) 과제를 제출한 다음 본인이 조리한 장소의 주변을 깨끗이 청소하고 조리기구를 정리 정돈한 후 시험위원의 지시에 따라 퇴실합니다.

10) 시험시작 전 가벼운 몸 풀기(스트레칭) 동작으로 긴장을 풀고 시험을 시작합니다.

Oil poached Red snapper with Thyme Veloute

타임 벨루테 소스를 곁들인 기름에 저온 조리한 적도미

Oil poached Red snapper, Buttered Broccoli, Ratatouille, Fondant Potato, Thyme Veloute

타임 벨루테 소스를 곁들인 오일 포치 적도미,
버터드 브로콜리, 라타뚜이, 폰단트 감자

Requirements
요구사항

※ 위생과 안전에 유의하여 주어진 재료로 **타임 벨루테 소스를 곁들인 기름에 저온 조리한 적도미(Oil poached Red snapper with Thyme Veloute)**를 다음과 같이 만드시오.

1. **기름에 저온 조리한 적도미(Oil poached red snapper)**
   1) 적도미를 손질하여, 80g 정도의 fillet으로 2쪽을 사용하시오.
   2) 타임향이 우러나도록 기름에 타임을 넣어 사용하시오.
   3) 적도미는 기름에 저온 조리하여 부드러운 질감이 나도록 하시오.

2. **타임 향의 벨루테 소스(Thyme Veloute sauce)**
   1) 적도미를 손질하고 남은 살과 뼈로 생선 스톡(fish stock)을 만들어 사용하시오.
   2) 화이트 루(White Roux)와 생선스톡으로 소스를 만들고 타임은 chop해서 소스에 넣으시오.

3. **더운 채소(Hot vegetables)**
   1) 브로콜리는 데친 후 버터 물에 조리하시오.
   2) 샬롯, 가지, 호박, 붉은 파프리카, 토마토, 케이퍼를 이용하여 라따뚜이(ratatouille)를 만드시오.

4. **퐁당 감자(Fondants potato)**
   1) 작은 보일드 감자(Boiled Potato) 모양으로 2개를 다듬어 버터의 향을 살려 오븐에서 조리하시오.

5. **접시에 적도미, 감자, 더운 채소를 놓고 타임 벨루테 소스를 곁들이시오.**

Ingredient list
재료 목록

감자 1개	타임(fresh) 5g
버터(무염) 100g	밀가루(중력분) 20g
브로콜리 50g	식용유 500ml
휘핑크림 200ml	샬롯 1개
적도미(500~600g 정도) 1마리	빨간 파프리카 1/4개
양파 1/2개	가지 1/2개
셀러리 30g	애호박 50g
토마토 1개	흰 후춧가루 5g
케이퍼 20g	월계수 잎(dry) 1개
대파(흰 부분 4cm 정도) 1토막	검은 통후추 5g
파슬리 5g	소금 10g

Cooking utensils and equipment
조리기구

Chef's Knife(칼), Cutting Board(도마), Pot(냄비), China cap(차이나 캡, 체), Ladle(국자), Coating pan(코팅 팬), Bamboo stick(대나무 젓가락), Spatula(스패튤러), Oven pan(오븐팬), Mixing bowl(믹싱볼), Blender(블렌더), Skimmer(스키머), Dishtowel(행주), Measuring cup(계량컵), Thread(조리용 실), Measuring Spoon(계량 스푼), Scale(저울)

Cooking Method
조리 방법

Oil poached Red snapper

Ingredient 재료

식용유 400ml   흰 후춧가루 1g
적도미 1마리   소금 2g
타임 5g

준비   1   도미를 손질하여 2쪽으로 잘라 준다.

          2   도미에 타임, 소금, 후추로 마리네이드 한다.

조리   1   팬에 식용유를 넣고 끓으면 도미를 넣어 오일 포칭한다.

완성   1   체에 밭쳐 놓는다.

Buttered Broccoli

Ingredient 재료

버터 20g
브로콜리 50g
흰 후춧가루 1g
소금 2g

준비   1   브로콜리를 손질해 놓는다.

조리   1   끓는 물에 소금을 넣고 브로콜리를 데쳐낸 후 팬에 버터를 넣고 볶아 준다.

완성   1   소금, 후추로 간을 한다.

Ratatouille

Ingredient 재료

양파 30g
토마토 1개
빨간 파프리카 30g
버터 10g
가지 30g
애호박 30g

흰 후춧가루 1g
소금 2g

준비   1   양파, 파프리카, 가지, 애호박을 스몰다이스로 잘라 준다.

　　　2   토마토는 씨와 껍질을 제거하여 곱게 다져 놓는다.

조리   1   팬에 버터를 넣고 양파, 파프리카, 가지, 애호박을 볶다 다진 토마토를 넣고 잘 볶아 준다.

완성   1   소금, 후추로 간을 한다.

Fondant Potato

Ingredient 재료

감자 1개
버터 100g
파슬리 5g

흰 후춧가루 5g
소금10g

준비   1   파슬리는 다지고 감자는 모양내어 깎아 물에 담가 놓는다.

조리   1   끓는 물에 소금을 넣고 삶아낸 후 버터에 볶다 파슬리를 첨가한다.

완성   1   소금, 후추로 간을 한다.

Cooking Method
조리 방법

Thyme Veloute

Ingredient 재료

양파 1/2개	버터 100g
생선뼈 1조각	밀가루 20g
셀러리 30g	월계수 잎 1개
대파 1토막	검은 통후추 5g
파슬리 5g	흰 후춧가루 5g
타임 5g	소금 10g

준비   1   양파, 셀러리, 대파를 슬라이스 한다.

조리   1   물에 생선뼈, 양파, 셀러리, 대파, 월계수 잎, 파슬리, 통후추를 넣고 생선 스톡을 만들어 체에 걸러 놓는다.

　　2   팬에 버터를 넣고 밀가루를 넣어 블론드 루를 만들고 생선스톡을 넣고 풀어 체에 내려준다.

완성   1   타임을 넣고 소금, 후추로 간을 한다.

Profile

이동근

현) 국제대학교 호텔조리제과제빵학과 교수
경기대학교 대학원 외식경영학과 석사
경기대학교 대학원 외식조리관리학과 박사
대한민국 국가공인 조리기능장
경기도 테크노파크 기술닥터

주요 약력
메리어트호텔 그룹 르네상스 서울 호텔 조리부 근무
한국조리학회 정회원
한국외식경영학회 정회원
전) 한국관광연구학회 이사
전) 한국호텔관광학회 이사
한국식공간학회 편집위원
한국조리협회 부회장
전) 한국집단급식조리협회 부회장
조리기능장려협회 수석부회장
대한민국국제요리제과경연대회 운영위원장
전) Korea 월드푸드챔피언십 조직위원장
경기대학교 관광학부, 혜전대학교 외래교수
장안대학교, 한국관광대학교 겸임전임강사
서울 지방, 전국 기능경기대회 요리부문 금상 수상(국제기능올림픽)
서울 국제 요리대회 국가대표팀 참가 금상, 대상 수상
IKA 독일 요리올림픽 국가대표팀 참가 은상, 동상 수상
싱가포르 세계요리대회 개인 은상 수상
디자인 올림픽 요리경연대회 금상, 대상 수상
룩셈부르크 요리월드컵 국가대표 참가 은상, 동상 수상
국회의장상, 교육부장관상, 농림축산식품부장관상, 해양수산부장관상, 통일부장관상, 식약처장상,
　서울특별시장상 수상
지방기능경기대회 심사장, 심사위원
전국기능경기대회 심사위원(국제기능올림픽위원회)
직업능력심사평가원 심사위원
조리기능사, 조리산업기사, 조리기능장 심사위원

저서
Western Cuisine, 훈민사
Western Culinary English, 훈민사
Composition of Etreé, 훈민사
Stock, Sauce, Soup 백산출판사

논문
외식기업의 유통경로상 영향요인과 관계결속이 장기거래의도에 미치는 영향 연구(2011) 외 다수

민경천

현) 한국관광대학교 호텔조리과 교수
상명대학교 이학박사
국가공인 조리기능장

박인수

현) 대전과학기술대학교 외식조리제빵계열 교수
경기대학교 일반대학원 관광학 박사
더플라자호텔 주방장
조리기능장 심사위원

서강태

현) 백석대학교 외식산업학부 교수
호텔경영학 박사
한국산업인력공단 실기조리기능사 심사위원
한국관광산업학회 이사
한국조리학회 이사
한국음식관광협회 이사

주요 약력
Hotel Capital Chef
JW Marriott Hotel Chef
대한민국국제요리경연대회 소상공인진흥원장상
대한민국국제요리경연대회 우수지도자상
국제요리경진대회 JW Marriott Hotel 단체 금상
서울시장상

저서
Garde Manger, 백산출판사

논문
더덕껍질의 일반성분 분석과 항산화활성
호텔종사원의 조직공정성이 선제적 행동과 지식공유 의도에 미치는 영향에 있어 조직신뢰의 조절효과
강원 영서지역 남, 여 대학생의 건강 기능성 식품 인삼 및 인삼제품에 대한 인식도 조사 외 다수

Profile

이필우

현) 대림대학교 호텔조리과 교수
식품조리학 박사
대한민국 조리기능장
한식, 양식, 중식, 일식, 복어, 식육처리, 조주, 떡 기능사
한식, 양식, 식품 산업기사, 위생사 면허

주요 약력
서울 드래곤 시티 호텔 Excutive Sous Chef
주)아워홈 메뉴 R&D 팀장
SK 워커힐 호텔 Head Chef
임피리얼 펠리스 호텔 Chef
Mohegansun Casino Hotel Chef(USA)
(주)아워홈 OCA고급조리, 연회, 뷔페 특강 외래강사
한국산업인력공단 조리기능사, 산업기사 실기감독위원
G20/핵안보/청와대 세계정상 국빈만찬
기능경기대회 금메달
서울국제요리대회 라이브, 전시, 단체전 및 개인전 금메달
대통령 표창장 등

논문
건조방법에 따른 와송 분말 첨가 생면 파스타의 제조 및 품질 특성
Quality Characteristics of Fresh Pasta Using Orostachys Japonicus Powder Prepared by Different Drying Methods
고용안정성과 직무 만족도의 관계에서 심리적 자본의 매개효과에 관한 연구
Employment Stability Influencing Job Satisfaction via Psychological Capital in Case of Culinary Department
동결건조 돼지감자 분말을 첨가한 소고기 패티의 품 특성 외 다수

임상은

현) 한국호텔관광전문학교 호텔외식조리학부 교수
경기대학교 외식경영학 석사
오산대학교 겸임 교수

주요 약력
Paradise City Banquet 주방장
Grand Hyatt Incheon Chef
IHG Holiday Inn Hotel(USA) Chef
European World Master Chef Korea
국제요리대회 장관상, 금상, 최우수상

저자와의
합의하에
인지첩부
생략

고급서양요리

2024년 9월 5일 초판 1쇄 인쇄
2024년 9월 10일 초판 1쇄 발행

지은이 이동근·민경천·박인수
　　　　서강태·이필우·임상은
펴낸이 진욱상
펴낸곳 (주)백산출판사
교 정 박시내
본문디자인 신화정
표지디자인 오정은

등 록 2017년 5월 29일 제406-2017-000058호
주 소 경기도 파주시 회동길 370(백산빌딩 3층)
전 화 02-914-1621(代)
팩 스 031-955-9911
이메일 edit@ibaeksan.kr
홈페이지 www.ibaeksan.kr

ISBN 979-11-6567-916-3 93590
값 32,000원